스스로 행복한
아이로 키우는
진짜 자존감

아르멜 기유모, 브누아 자예뉘, 드니 플랑, 마리옹,
그리고 클레망 우르스트에게 감사의 마음을 전합니다.

J'aide mon enfant à développer son estime de soi

Text by Bruno Hourst
Illustrations by Jilème
Copyright ⓒ 2014 Éditions Eyrolles, Paris, France
Korean edition copyright ⓒ 2020 Thoughts of a Tree Publishing Co.
All rights reserved.
This Korean edition published by arrangement with Groupe Eyrolles through Shinwon Agency
Co., Seoul.

스스로 행복한 아이로 키우는 **진짜**
자존감

브뤼노 우르스트 지음
질렘 그림
김혜영 옮김

🌱나무생각

차례

 1장 : 자존감에 대한 첫 번째 접근

2장 : 자존감의 기초인 긍정적 감정들

3장 : 부모를 위한 자존감

4장 : 자존감을 결정짓는 또 다른 요인들

5장 : 자존감, 한 걸음 더 나아가기

서문

사람은 저마다 스스로 생각을 하기 때문에
삶의 지혜로움과 어리석음에 대한 책임도
그 자신에게 있다.
다시 말해 저마다 자신의 삶에 책임이 있다.
– 아리스토텔레스

부모는 아이의 첫 번째 선생이다

본래 부모는 '교육적 자질'을 갖출 의무가 있다. 삶이라는 길 위에서 아이를 바르게 인솔해야 하는 존재이기 때문이다. 아이를 키우는 것은 곧 자애의 길을 걷는 과정이라고 할 수 있다. 그만큼 시간과 노동, 인내가 필요하다. 아이를 키우다 보면 그날그날 희비가 엇갈리고, 명확한 날이 있는가 하면 반대로 앞이 뿌옇기만 한 날도 있다.

그렇게 부모와 아이 사이의 특별한 관계가 형성되어가는 날들이 계속되는 동안 자라는 건 아이만이 아니다. 부모 역시 그만큼 성장한다.

어쩌면 아이 한 명을 키우는 일은 수익이 전혀 없는 사업일지도 모른다…. 하지만 꼭 그럴까?

아이를 키우는 과정 속에서 부모도 많은 변화를 겪는다. 성인은 부모가 되면서 다시 자신의 어린 시절과 마주하게 된다. 자신의 어릴 때의 모습을 또다시 만나는 동시에 '작은 사람', 즉 '자녀'를 성장하게 해야 하는 새로운 환경과도 마주하는 것이다. 이는 진정으로 열린 마음과 겸손함이 요구되는 과정이라고 할 수 있다. 어차피 얻는 것은 아무것도 없기 때문에 더더욱 그렇다.

나는 이 책을 아무것도 얻을 것 없는 이 긴 터널을 그저 겸손한 마음으로 통과하고 있는 선량한 부모들에게 바치고자 한다.

들어가기

자존감은 인간 존재의 핵심이다

우리는 아돌프 히틀러나 아베 피에르Abbé Pierre(프랑스의 존경받는 사제이자 사회운동가)로 태어나지 않는다. 우리는 권력에 목마르고 어떻게든 돈과 싸구려 장신구를 차지하려고 혈안이 된 정치인으로도 애정이 넘치는 어머니로도 태어나지 않는다. 사기꾼으로도 마약 밀수업자로도 괴짜 브로커로도 태어나지 않으며, 책임감 있고 타인과 자연을 존중하는 인간으로도 태어나지 않는다. 태어날 때 우리는 그 누구도 아니다. 자라면서 비로소 어떠한 사람이 되는 것이다.

어떤 사람이 되어가는 과정은 태어난 그 순간부터 그를 둘러싼 신체적, 정서적, 정신적 환경의 영향을 받으며 시작된다. 그 환경의 범위는 일단 가까운 가족에서 출발하여 교육제도의 틀인 학교로 이어진다. 아이는 사회 속에서 자라며 그 안에서 자신의 자리를 만들고 행동하면서 삶을 살아간다.

이런 모험의 과정을 겪으면서 아이는 점차 자신의 인격을 만들어가는데, 여기에서 본질적인 역할을 담당하는 존재가 바로 부모다. 하지만 부모들은 자신이 그런 역할을 하고 있다는 사실을 인식하지 못할 수도 있으며, 자신의 행동의 결과가 무엇인지에 대해서도 헤아리지 못할 수 있다. 완벽한 부모이기를 기대하는 것이 헛된 일이라고 할지 모르겠지만, 그럼에도 부모는 자녀가 자신의 '그릇' 안에서 잘 자라도록 좋은 기회들을 선사해주고, 비교적 균형 잡힌 성인의 삶을 누리도록 이끌어줄 수 있는 존재여야 한다.

특히 부모는 자녀가 '자존감'이라고 불리는 정서를 잘 품고 발달시킬 수 있도록 도와줘야 한다. 뒤에서 다시 상세하게 정의하겠지만 간단하게 먼저 언급하자면, 자존감이라는 상태 또는 정서는 아이에게 근본적으로 매우 중요한 요소이며, 성인에게는 인격을 이루는 필수적 역할을 하는 요소다. 사람마다 정도의 차이는 있겠지만 자존감은 학교생활과 진로 결정, 사춘기를 어느 정도 수월하게 통과하고 삶의 어려움과 장애를 극복하는 능력이 되어줄 것이다. 게다가 친구, 연인 및 기타 인간관계를 선택하는 데도 영향을 줄 것이다.

이처럼 자존감은 인간의 삶 속에서 매우 중요한 역할을 하는 요소인 것이다! 그러므로 아이가 자존감을 잘 유지하고 발달시킬 수 있도록 하기 위해서는 학교와 사회의 역할도 중요하지만 부모 역시 최선을 다해야 한다.

대체로 부모는 자신이 자존감을 형성한 시기에 받은 영향을 자녀에게 그대로 주게 된다. 만약 부모가 스스로를 실패자로 여기고 선택의 기로 앞에서 주저했거나, 너무 완고한 교육을 받은 나머지 자율성을 발달시킬 기회를 빼앗겼다면, 자녀에게도 자신들이 경험했던 것들을 똑같이 반복하게 할 위험이 있다. 그렇게 되면 그들의 자녀들도 낮은 자존감과 비뚤어진 자아를 형성하게 될 것이며, 이는 비극적인 결말을 가져오기도 한다.

어떤 심리 치료사들은 그들에게 상담하러 오는 대부분의 환자들이 자존감이 낮은 유년기와 청소년기를 보냈다고 간주한다. 사회문제를 연구하는 전문가들 중에는 자존감이 낮은 사람들 때문에 사회적 문제가 발생한다고 여기는 사람들도 있다. 우리는 이 책을 읽으면서 부족한 자존감이 아이들에게 어떠한 심각한 결과들을 가져오는지 알 수 있을 것이다.

또한 자신감과 구별되는 자존감이라는 것이 무엇인지에 대해 실타래를 풀듯 차근차근 알아볼 것이다. 자존감은 민주주의 이념에서부터 아주 많은 부분에 영향을 끼친다. 우리는 자존감에 대한 관념(또는 개념)을 통해 인간 존재의 핵심, 인간성을 비롯한 아주 다양한 부분을 다룰 것이다. 자존감이라는 개념이 결코 만만한 주제가 아니라는 것은 분명하다!

이 책은 우선 아이들을 돌보는 부모, 그리고 성인 독자들을 돕고자 쓰였다. 하지만 아이들의 자존감을 발달시키고 유지시키는 일은 성인인 우리 스스로의 자존감과도 긴밀하게 연관되어 있음을 알아야 한다. 인간의 자존감은 평생 동안 발달하며 유지되어야 하는 것이기 때문이다! 자녀의 자존감을 높이기 위한 노력과 고민의 흔적들은 곧 부모가 자기 자신의 자존감을 높이는 데도 매우 유용할 것이다.

먼저 다음 장에서 짧은 이야기 하나를 살펴보고 본론으로 들어가자.

월터의 이야기

먼저 〈월터 미티의 은밀한 생활〉과 창작자인 제임스 서버에게
경의를 표합니다.

당신의 상상은 현실이 된다

〈월터 미티의 은밀한 생활The Secret Life of Walter Mitty〉은 1939년에 발
표된 제임스 서버James Thurber의 작품이다. 소심하고 예민한 중년 남
성인 주인공 월터 미티의 좌절적 상황을 상징적으로 그려냈다.
남편을 교정하려는 아내, 고압적인 경찰, 불친절한 주차요원…
월터는 현실에서 마주치는 인간관계에 상처 입고 매일 공상의 세
계로 빠져든다. 상상 속에서의 그는 완전히 다른 사람이다. 용감
한 영웅이고, 배짱 두둑한 포커 왕이고, 최고의 실력을 가진 엔지
니어다. 우리에게는 생소하지만, 영미권에서는 월터 미티라는 이
름이 일반명사로 쓰인다. '지극히 평범한 삶을 살면서 터무니없
는 공상을 일삼는 사람'을 지칭한다.

"월터, 드디어 당신 차례네요!"

진행 요원이 출발 신호를 보낼 준비를 하면서 그에게 소리쳤다.

"행운을 빌어요!"

그녀의 목소리는 바람 소리에 묻혀 그에게만 겨우 들렸다.

월터의 발아래로 스키 점프대 활주로가 펼쳐져 있다. 이번에는 느낌이 좋았다. 월터는 이제 곧 시상대의 가장 높은 자리에 오를 지도 모른다. 이미 우승을 차지한 기분이었고 월터의 다리도 이를 알고 있는 것 같았다. 속도에서도 틀림없이 세계 기록을 깨트릴 것이다. 마침내 오늘, 월터에게 영광의 날이 밝아온 것이다.

월터가 훈련을 해온 지는 이미 수개월이 흘렀다. 그가 두 가지의 심각한 부상을 극복하고 훈련 준비를 하는 모습에 의사들과 코치는 경악을 금치 못했다.

"월터, 아직은 너무 일러. 네 무릎 부상은 아직 완전히 나은 게 아니라고!"

"거뜬해요. 내일부터 훈련을 다시 시작해야 해요. 이번 금메달은 내 차지가 될 거예요. 코치님께 약속할 수 있어요!"

월터의 목소리는 조용했고, 단호했으며, 흔들림이 없었다.

그는 금메달을 딸 것이다! 몇 초 후면 그는 우승자가 될 것이다.

스톱워치가 작동을 시작하자 특유의 소리가 났다.

째깍, 째깍, 째깍!

"야, 바보 멍청아, 내려갈 거야, 말 거야? 겁쟁이! 안 갈 거면 옆으로 좀 비켜 서!"

불과 다섯 살밖에 되지 않은 월터는 마지못해 한옆으로 비켜서며 피에레트에게 길을 내주었다. 그러자 피에레트는 조금도 주저하지 않고 미끄럼대 위에 앉더니 그대로 아래로 미끄러져 내려갔다. 미끄럼틀 밑에서는 피에레트의 엄마가 환호성을 지르고 있었다.

그때 월터의 아빠가 공원에 모습을 드러냈다. 그는 월터에게 한껏 과장된 말투로 말했다.

"그러니까 월터, 이렇게 조그만 미끄럼틀조차도 못 내려온다는 거니? 너보다 어린애들도 이 정도는 내려가고도 남아! 너는 왜 그렇게 물러 터졌니? 나는 네 나이 때 더 높은 미끄럼틀에서도 열 번은 내려왔다. 완전 미끄럼틀 선수였다니까!"

"네, 아빠…."

세월이 흐르고…

"월터, 이 어려운 임무를 잘 수행해낼 수 있는 사람은 오직 자네뿐이네. 아주 까다로운 임무야. 이 인공위성을 수리하려면 보통 솜씨로는 안 되거든. 이제 인류의 미래가 자네의 손에 달렸다는

스스로 행복한 아이로 키우는 진짜 자존감

걸 명심해. 이 빌어먹을 위성이 제때 수리되지 않는다면 수많은 사람들이 목숨을 잃게 될 거야."

"네, 알겠습니다."

월터는 차분한 목소리로 대답했다. 그는 눈을 감고도 위성을 수리할 수 있는 사람이었다.

자, 이제 월터가 인류를 구하러 갈 것이다. 그는 이미 휘파람까지 불면서 골칫덩이 인공위성을 수리하기 시작했다.

"월터, 휘파람으로 뭘 부르고 계신 건가요?"

보조 비행사 존이 월터에게 물었다.

월터는 미소를 지었다. 존은 조금 둔한 데가 있지만 참 좋은 녀석이다. 게다가 이 위성을 수리하는 데 도움이 될 만한 사람이 그 말고는 없었다.

다급한 상황이었다. 조금만 지체하면 자칫 인공위성이 지구로 떨어질지도 모른다. 하지만 월터는 여유만만했다.

"오래전에 내가 로열 앨버트 홀에서 불렀던 오페라의 피날레 곡이야. 그때는 스윙조로 열심히 불렀었지."

사실 이 인공위성 수리는 몇 분이면 끝날 것이다.

기억을 떠올려본다. 노랫소리가 다시 들려온다. 함께 박자를 맞추면서 끝까지 노래하던 관객들도 보였다.

째-깍! 째-깍!

"월터, 너 제대로 좀 할 수 없니? 왜 이렇게 서툴러! 못을 박고 고작 이거 하나 설치하는 게 그렇게 힘든 일이니? 여덟 살 정도 되면 이 정도는 해내야 하는 거 아니니? 진짜 별것도 아니잖아!"

"네, 엄마…."

또 세월이 흐르고…

"한 장 더!"

이 한마디에 테이블 주위의 모든 사람들이 동시에 숨을 죽였다. 야회복 차림을 한 여러 명의 젊은 여자들은 가슴이 마구 뛰기 시작했다. 어쩌면 저렇게 멋있고 남자다운 걸까! 다크호스 월터가 이 마지막 판에서 포커의 왕 존 라토르놀에게 도전장을 내미는 순간이었다. 존 라토르놀이여, 카드 한 장을 내놓으시오!

월터는 시작부터 게임을 장악했다. 존 라토르놀의 이마에 맺힌 땀이 월터의 눈에 들어왔다. 포커의 왕이라고? 훗!

"한 판 더!"

월터의 날카로운 목소리가 공기를 가로질렀다. 카지노 딜러는 경외심에 찬 얼굴로 새 판을 깔았고 연신 미소를 지으며 여유롭게 카드를 섞었다. 내기에 걸린 돈은 어마어마했다. 월터는 전 재산을 걸었다. 얼마나 중요한 게임인가! 월터는 이길 것이다….

스스로 행복한 아이로 키우는 진짜 자존감

주위에 모여 있는 아가씨들의 심장이 뛰는 소리가 다 들리는 것 같았다. 그녀들은 모두 월터에게 반했다.

째깍-쾅, 째깍-쾅, 째깍-쾅!

"오, 월터, 정말 결심한 거야? 한 판을 더 할지 안 할지는 너에게 달렸어. 클로버 6과 하트 9? 둘 중 뭐 할래? 어서 골라. 그거 결정하느라 하루를 다 보낼 수는 없지 않겠니?"

"음…, 그럼, 하트 9로 할게요."

"그래? 그렇다면 넌 졌어. 자, 봐. 클로버 6이야! 그냥 게임을 끝냈으면 좋았을 텐데…. 그게 뭐 얼마나 어려운 일이라고 매번 이렇게 지니? 정말 실망스럽구나. 열두 살 정도 됐으면 머리도 조금 더 쓸 줄 알아야 하는 거 아니니?"

"네, 아빠…."

또 세월이 흘러…

이번에는 월터가 죽음과 마주한 생생한 모습이다. 죽음과 마주하고도 냉정하고 침착했던 월터의 결단 있는 모습에 가장 악독했던 적들도 그를 존경하게 되었다.

월터…, 이렇게 만만치 않은 상대였다니! 이런 곤경 앞에서도 이

토록 강인하고 대범한 사람이었다니!

월터는 총살 집행을 하려는 적장에게로 가서 인사를 건넸다. 그리고 세상의 모든 비밀 조직들이 그렇게도 찾아 헤매는 비밀문서를 내밀면서 그의 눈을 똑바로 쳐다보았다. 비록 월터는 졌지만, 삶의 마지막 순간까지 의연하고 차분했던 그를 누구도 잊지 못할 것이다.

"담배 한 대 피우겠소?"

담배를 본 월터의 입가에는 엷은 미소가 떠올랐다. 적장은 이런 장면을 수많은 영화에서 보았다. 담배는 사형 선고를 받은 사람에게 마지막 선물이 되어줄 것이다. 월터는 곧 총살을 당할 신세인데도 무력함이라고는 없었다.

"담배를 피우고 싶소. 죽음의 순간마다 선택은 각자 다를 거요."

적장은 억지웃음을 지었고 월터에게 담배를 건네며 말했다.

"월터, 내게도 당신 같은 아들이 있었으면 좋았을걸. 당신에 대한 존경심을 잊지 않겠소. 당신 같은 적을 잃게 되어 진심으로 슬프오."

월터는 말이 없었다. 삶은 월터 없이도 계속 흘러갈 것이다. 그는 그 어떤 후회도 없었다. 그는 최선을 다해 살아왔다. 월터는 그들이 건넨 안대를 거부하고 처형용 기둥 앞에 자리했다.

째깍, 째깍, 째깍!

"뭐? 수학이 6점, 프랑스어가 8점, 물리가 7점, 역사지리가 11점! 성적이 이게 뭐니? 월터, 나중에 무얼 할지 생각은 하니? 실직자? 다리 밑 노숙자? 아! 체육 점수는 좋은 걸 보니 높은 곳을 잘 오르려나? 케이크 위에 콕 내려앉은 체리처럼 말이야! 20점 만점에 19점이라니! 체육을 꽤나 즐기나 보네! 월터, 넌 바칼로레아(프랑스 중등과정 졸업 시험)도 체육으로 치를 생각인 거니? 뒤로 두 바퀴 재주넘기가 인생에 무슨 도움이 된다고! 월터, 도대체 뭐가 되려고 그러니? 아, 선택 과목인 연극 점수가 좋은 걸 잊었구나. 선생님이 칭찬도 하셨고. 하지만 다 쓸데없는 소리지! 그러니까 애야, 지금 이 형세를 만회하려면 이제 일격을 가해야 할 거야. 우선 체육이나 연극 같은 쓸데없는 건 포기해. 그리고 수요일에는 외출 금지야. 집에서 숙제나 해. 내가 직접 확인할 거야. 숙제 제대로 안 하면 용서 안 할 줄 알아. 그리고 여름방학 때 바캉스를 떠나는 건 더 이상 꿈도 꾸지 마. 그 기간 동안은 보충 수업을 하게 될 테니까."

"하지만 아빠…."

"그래, 이야기할 게 남았니? 이런 성적표를 가지고 온 게 창피하지도 않니? 그동안 네 엄마와 내가 너를 가장 좋은 사립 중학교에 보내려고 해왔던 모든 노력들을 생각하면 이건 정말이지 실망스럽구나. 너 때문에 정말 속상하다. 처음부터 우리는 온 힘을 다해 네 학업을 지원해왔어. 우리는 초등학교 준비 과정 때부터 네가 책을 잘 읽을 수 있도록 가르쳤어. 필요 없는 수업은 건너뛰게 했고, 최고의 학교만 골라 다니게 했는데, 그 모든 노력들이 이 형편없는 성적표를 위한 것이었다니…. 월터, 게으른 생활은 끝내고 이제는 정말 죽을힘을 다해야 할 거야. 이런 성적표를 가져온 걸 보면 너는 공부로 성공할 수 있는 사람이 아니라는 건 확실해. 하지만 네가 학업에서 좋은 성적을 얻을 수 있도록 엄마, 아빠가 해야 하는 게 있다면 우리는 최선을 다 할 거야. 네가 어떻게 생각하든 상관없어. 내 아들이 공부를 못한다는 소리는 나오지 않게 해야겠어."

"네, 아빠…."

또 세월이 흐르고…

"불이야!"

늦은 밤, 작은 건물에 불이 났다. 마침 그곳을 지나고 있던 월터는 건물 주위에서 무력하게 구경만 하고 있는 무리에게 다가가 물었다.

"소방관들은요?"

"벌써 불렀는데 도착이 늦어지네요. 도착할 때 되면 이미 소용없을 것 같아요."

스스로 행복한 아이로 키우는 진짜 자존감

"그게 무슨 말씀이시죠?"

월터가 물었다.

"꼬마 두 명이 4층 왼쪽 집에서 꼼짝을 못하고 있는데 아이들을 구하러 갈 수가 없어요. 계단이 이미 불타고 있거든요. 빗물받이 홈통으로나 올라가야 할 텐데 그건 고양이나 할 수 있는 일일 거예요."

조금 떨어진 곳에서 한 어머니가 아이들이 갇혀 있는 자신의 집을 올려다보면서 고통스럽게 울부짖고 있었다.

월터는 주저 없이 건물 주위를 둘러싸고 있는 사람들을 비집고 들어갔다. 그리고 아직은 불이 옮겨 붙지 않은 쪽으로 뛰어들었다. 사람들은 소리치며 월터를 말리려고 했지만 월터는 이미 빗물받이를 붙잡고 벽을 따라 기어올랐다. 그는 8미터 높이의 4층으로 순식간에 올라갔다. 그리고 팔꿈치로 창유리를 깨더니 어느새 집 안으로 사라졌다.

사람들은 전부 얼이 빠져버렸다.

"저 사람 누구죠?"

"누구인지 알겠어요. 월터예요! 저 사람 미쳤군요. 아이들과 함께 불에 타버릴 거예요."

순간 시간이 멈춰버린 것 같았다. 불꽃은 더욱 거세졌고 이제는 아이들이 있는 집 안으로 옮겨가기 시작했다. 월터는 보이지 않았다. 사람들이 모두 절망할 때였다. 창문에 월터의 모습이 보였다. 그는 두 아이를 품에 안고 있었는데 큰 아이에게 자기 목에 잘 매달려 있으라고 차분하게 말해주고 있는 것 같았다. 그리고 아직 젖먹이로 보이는 또 다른 아이는 그의 셔츠 안으로 넣어 감쌌다. 이렇게 아이들을 매달고서 월터는 창가로 나와 빗물받이를 잡았다. 그러고는 천천히 내려오기 시작했다. 월터는 아이들이 안심할 수 있도록 계속 토닥였다. 마치 콧노래를 부르는 것처럼 보이기도 했다.

실제로는 아주 잠깐 동안이었는데 지켜보는 사람들에게는 영원 같기도 한 순간이었다. 마침내 월터는 지상으로 내려왔다. 그러고는 곧 집을 집어삼킬 화마로부터 안전할 수 있도록 한참을 내달렸다.

조금 뒤, 아이들의 어머니가 달려와 기쁨의 눈물을 흘리며 아이들에게 마구 입을 맞추었다.

월터는 풀밭 위에 앉았다. 사람들이 그를 둘러싸고는 박수갈채를 보냈다. 그때 소방차의 사이렌 소리가 들려왔고 마침내 소방관들이 도착했다.

시장은 감격에 찬 목소리로 말했다.

"…그리고 나는 젊은 월터에게 꼭 경의를 표하고 싶어요. 그의 특별한 능력, 재능, 침착함 덕분에 죽을 뻔한 두 아이들은 목숨을 구했어요. 정말 체조 선수 같은 월터의 날렵함이 없었다면, 아이들을 위로하던 차분함이 없었다면, 건물을 오르내릴 때 정확한 위치를 탐지해내는 냉철함이 없었다면, 제가 시장으로 있는 이 아름다운 도시에서 일어난 이번 화재는 비극적인 사건으로 끝났을지 모릅니다. 저는 우리 시의 모든 젊은이들과 어린이들에게도 월터를 본받으라고 말할 수밖에 없습니다. 브라보 월터! 감사합니다!"

그리고 또 삶은 계속되었다….

1장

자존감에 대한
첫 번째 접근

자존감이란 무엇인가

자존감을 정의하기란 생각보다 쉽지 않다. 개념이 그만큼 폭넓고 복잡하기 때문이다. 그렇다면 전문가들이 제시하는 몇 가지 정의들을 살펴보면서 그 의미를 파악해보자.

자존감이란

- 자신의 가치에 대해 스스로 행하는 판단이나 평가다.
- 자기 자신에 대한 내적 확신이다. 자신을 한 인간으로 인식하고 자신의 힘과 그 한계를 자각하는 것이다.
- 스스로를 삶의 문제들에 대한 답을 찾을 수 있고 행복할 수 있는 존재로 여기는 것이다.
- 자기 자신을 바라보는 방식이며, 다른 사람이 보는 자신을 생각하는 방식이다.

- 자신에게 느끼는 모든 정서들의 총합이며, 이는 두 가지의 확신을 기초로 한다. 첫째는 자신이 사랑받을 수 있는 존재라는 확신이며, 둘째는 자신도 사랑할 수 있는 존재라는 확신이다.
- 스스로의 가치와 중요성을 존중할 줄 아는 것이다. 그리고 자신과 타인을 향한 행위에 책임을 질 수 있다고 생각하는 마음이다.
- 우리가 살아가고 있는 삶과 그 필연성을 내적으로 인정하는 마음을 말한다.
- 생각하고, 숙고하고, 이해하고, 습득하고, 선택하고, 결정하는 자신의 능력에 대한 신뢰인 동시에, 삶을 살아가고 그 삶을 행복하게 누릴 권리에 대한 긍정적인 태도를 말한다.

다음은 자존감의 개념을 올바르게 파악하기 위한 몇 가지 실마리들이다.

- 무엇보다 자존감은 내적인 과정이다. 자신, 특히 자신의 역량에 대한 자각과 긴밀하게 연결되어 있고, 스스로의 한계를 제대로 보는 능력과도 관련된다.
- 자존감은 외적 환경에 긍정적으로든 부정적으로든 영향을 받으며 발달한다.
- 자존감은 삶에 시련이 닥쳤을 때 책임감을 가지고 평정심을 유지하면서 대응하게 한다.

스스로 행복한 아이로 키우는 진짜 자존감

- 인간이 행복을 추구하는 과정 속에서 자존감은 자신을 가치 있게 느끼고 삶의 질을 높이도록 해준다.

자존감의 개념 출현

'자존감'이라는 명칭이 언급되기 시작한 것은 19세기지만 이 개념은 1980년대가 되어서야 비로소 대중에게 알려졌다. 당시에 자존감이 높고 낮음에 따라 학업 성취도가 좋거나 나쁘게 나타날 수 있다는 연구가 이루어졌다. 그런데 연구의 결과는 자존감이라는 개념을 오히려 부정적으로 규정했다. 연구 결과에서 학업의 성공과 자존감 사이에 부정적인 상관관계가 나타났기 때문이다.

일본의 학교들은 학업 성취에서 가장 좋은 결과를 얻었지만 일본 청소년들의 자존감은 가장 낮은 수준이었다. 미국 학교의 경우는 이와 반대였다. 과도한 칭찬을 지속적으로 받아온 미국 아이들의 경우는 학업 성취도가 매우 낮았다.

최근의 연구를 통해 자존감은 새롭게 규정되고 있다. 바로 자존감이 높은 아이들이 학습도 쉽게 하고 자제력도 강하다는 것이다. 실제로 자존감이 높은 아이들이 무엇이든 잘한다. 그리고 이런 내적 행복감이 청소년기는 물론 성인이 되어서까지도 뒷받침된다면 삶의 불확실성에 잘 대처하며 삶을 행복하게 꾸려나갈 좋은 기회들을 더 많이 누릴 것이다.

1990년대에는 자존감에 대한 관심의 범위가 교육계를 넘어 자기계발, 사회문제, 기업 조직, 그리고 노동 세계로 넓어졌다. 그런데 시간이 흐를수록 자존감이라는 표현은 사람들에게 거부감을 느끼게 하거나 조롱거리가 되기도 했고, 쓸데없이 남용되거나 그 의미가 왜곡되기도 했다. 이런 현상은 자존감이 오래전부터 인격의 자연적이고 보편적인 요소였으며, 그 의미를 다시 제대로 발견해야 한다는 사실을 인식하지 못하게 방해했다.

자존감에 대한 부정적 인식

요즘은 대부분의 사람들이 자존감의 의미를 알고 있다. 하지만 그렇다고 해서 자존감을 잘 발달시키는 것을 우리 사회의 당면 과제로 받아들이고 있다는 말은 아니다. 정치인들은 물론 학교 교육과 관련된 주요 인사들조차도 '자존감'이라는 주제에 제대로 주목하지 못하고 있다. 정말 유감인 것은 이 주제에 관심을 기울이지 못한 결과들이 생각보다 심각하다는 것인데, 조만간 우리 모두가 이를 목격하게 될 것이다.

학교는 '악기 연습'이나 '자존감 발달 프로젝트' 같은 지름길들을 통해 아이들이 학교생활을 더 잘할 수 있다는 사실을 받아들이고 싶어 하지 않는 것 같다. 일반적으로 학교는 독립성, 책임감, 자아 성찰, '아니오'라고 말할 수 있는 능력, 정서나 의견 표출, 가치관 존중 등 자존감과 연관된 역량들을 발달시키려는 의지가 없는 것처럼 보인다.

성인의 경우를 보면 노동 계층에서 나타나는 스트레스, 동기 부족처럼 자존감 결핍으로 말미암은 증후들에는 주목한다. 하지만 정작 그런 증후들의 원인은 알려고 하지 않는다. 직장에서 개인의 자존감을 발달시키고 강화하려면 어떻게 해야 할지는 고민하지 않는 것이다.

다소 극단적일 수도 있겠지만 요즘 우리 사회는 자존감이 높은 것보다 학교 성적이 좋은 게 낫고, 자존감이 강한 것보다 돈을 많이 벌고 화려한 경력을 쌓는 게 낫다고 여긴다.

이런 생각들이 만연하면 결국 우리 사회는 낮은 자존감으로 비롯된 문제들로 가득하게 될 것이다. 무엇보다 인간이라는 존재는 높은 자존감 없이는 균형 있게 성장하지 못한다. 또 서로 사랑하지 않고, 존중하지 않으며, 스스로에게 가치를 부여하지 않는다. 자신감이 없는 사람들, 즉 자존감이 없는 사람들이 살아가는 사회는 조화롭게 발달하지 못한다.

따라서 자존감의 개념은 교육적이거나 사회적 또는 정치적인 모든 과제의 가장 중요한 요소로 자리 잡아야 할 것이다. 적용 범위를 훨씬 더 넓게 확장해야 한다!

자존감과 자신감

처음에는 자신감과 자존감의 의미를 혼동할 수 있다. 자신감은 본질적으로 우리에게 시도하고자 하는 욕구를 불러일으키는 것으로서 우리의 행위와 행동에 적용된다. 반면에 자존감은 내적 과정이라고 이해할 수 있다.

아이는 태어나면서부터 이미 무한하고 완전하며 절대적인 자신감을 가진다. 왜냐하면 세상이 아이에게 활짝 열려 있기 때문이다. 아이가 배우고, 자라고, 발견하고, 경험하고, 성공하기 위한 모든 것이 준비되어 있다. 하지만 자존감은 아예 처음부터 형성해가야 하는 것이다. 아이는 아직 인격은 물론이고 외부 세계와 상호작용할 수 있는 능력의 핵심들을 전혀 인식하지 못한다. 따라서 자기 자신에 대해서도 생각하고 판단할 수 없다.

사실 자신감과 자존감의 발달은 긴밀하게 연관되어 있다. 특히 유아기에 그러하다. 만약 태어났을 때 받았던 자신감을 잘 간직하고 유지할 수 있다면, 아이는 외부 세상과 상호작용하는 능력이 남보다 뛰어나다는 사실을 자각할 것이다. 그리고 긍정적 자존감의 기초를 잘 다지고, 행복한 삶을 누릴 좋은 기회들을 얻을 수 있을 것이다.

　반대로 만약 유아기에 자신감이 억압되거나 깨지고 왜곡되거나 손상되면, 자존감도 제대로 형성되지 못한다. 아주 불가능하다고는 할 수 없겠지만 자존감을 건강하게 발달시키는 데 아이는 큰 어려움을 겪을 것이다.

　그런데 자신감은 아주 큰데 자존감이 낮은 경우도 있다는 사실을 알아두자. 다시 말해 자신감은 우리가 세상 속에서 행동할 수 있는 역량이나 능력과 관련 있다면, 자존감은 스스로에 대한 인식과 관련 있다.

　예를 들어 기업의 오너나 정치인들의 경우, 결정을 내리는 능력이 뛰어나고 자신만만하게 행동하는 모습으로 인정받을 수는 있지만(자신감), 사실은 정직하지 못하거나 배후에서 권모술수로 사람을 조종하며, 출세에만 매달리고, 어떤 대가를 치르더라도 권력만을 좇는 사람일 수도 있다. 그런 사람은 행복을 느낄 수도 없고 다른 사람들을 행복하게 할 수도 없다.(자존감)

자존감과 자존심

자존감과 자존심 역시 혼동할 수 있다. 실제로도 이 두 개념은 서로 비슷하기도 하고 보완적이기도 하다. 자존심은 어원적으로 자기 자신에게 미치는 사랑을 의미한다. 개인이 자신의 존엄과 가치에 대해 품는 감정이며, 개인적인 긍지를 일컫는 감정이다. 이러한 감정은 자존감을 이루는 구성 요소들 중에서 발견할 수 있는 것이다.

차이를 보자면, '자존심'이라는 단어에는 '그는 자존심으로 가득 차 있다.', '그는 자존심만을 위해 행동한다.' 등에서처럼 부정적 의미가 담겨 있는 경우가 많다. 반면 더 넓은 의미의 개념인 '자존감'은 부정적인 의미를 내포하지 않는다.

자존감과 도덕

도덕적 암시 역시 자존감의 개념을 흐리게 할 수 있다. 신중함, 겸손함 또는 공손함 같은 도덕성을 너무 강조하다 보니 그와 반대되는 거만이나 허풍, 허세를 자존감으로 혼동하는 것이다. 이런 이유로 미국의 어떤 종교 운동은 자존감이 도덕적 개념과 상반된다는 이유로, 어린이들의 자존감 발달을 위한 공식 프로그램을 확립하지 못하게 반대하기도 했다.

사실 허풍, 허영, 교만 또는 권력을 향한 과도한 집착은 자존감이 높은 것이 아니라 오히려 매우 낮다는 것을 뜻한다. 자존감이 높으면 다른 사람보다 잘났다는 것을 증명하려고 애쓰지 않는다. 굳이 그 사실을 증명해 보일 필요성을 느끼지 못하는 것이다.

다시 말해 자존감이 높은 사람들은 타인보다 자신이 더 나은 사람임을 증명해 보이려고 애쓸 시간에, 자신의 힘과 한계를 인정하면서 자기 자신이 누구인지 사실적으로 자각하는 데 힘쓴다. 그러나 자존감이 낮은 사람들은 다른 사람과 자신을 끊임없이 비교하고 경쟁하려는 강박적 충동 때문에 자꾸 타인에게 자기가 어떤 사람인지 보여주고 싶어 한다. 과도한 자존심과 권력을 향한 지나친 집착은 낮은 자존감에서 비롯되는 경우가 많다.

마찬가지로 자아도취나 자만도 자존감과 혼동하면 안 된다. 자존감은 현실에 기초하는 것이지 자신의 힘과 가치를 과장하고 거짓으로 표현하는 것이 아니기 때문이다.

내 탓인가, 남 탓인가

자존감이 발달하거나 상처받은 이야기를 할 때 우리는 일반적으로 부모, 학교, 사회, 문화, 종교처럼 외부 환경이나 다른 사람들 때문에 이런 일이 생겼다고 생각한다.

자존감이 우리가 상호작용하는 외적 환경의 영향을 받고 형성된다는 것은 사실이다. 하지만 자존감은 본질적으로 우리의 책임 영역에 속하는 내적 차원이다.

자존감 발달과 관련해 지금 당장 점검해야 할 두 가지 위험 요소가 있다.

첫째, 부모와 교사가 단지 몇 가지 간단한 비법만으로 건강한 자존감을 만들어낼 수 있다고 생각하는 것이다. 우리는 아이의 자존감이 매일 조금씩 형성되어가는 것이라는 사실을 직시해야 한다. 또한 자존감이 형성되는 과정은 모든 아이들에게 똑같이 적용하도록 규격화된 것이 아니다. 따라서 자존감은 많은 애정으로 성심성의껏 돌봐주어야 하며 인내와 기다림을 필요로 하는 연약한 꽃과 같다는 사실도 알아야 한다.

둘째, 건강한 자존감이 마치 우리가 세상에 태어나고 몇 년 안에 전부 결정되며, 일단 형성되고 나면 시간이 지나더라도 크게 바뀌지 않는다고 여기는 운명론이나 결정론의 틀 속에 갇혀 있지 말라는 것이다.

개인은 자신의 삶에 대한 책임감을 느낄 때 스스로 변화하고 성장할 수 있는 능력을 발휘한다. 그런데 사람들은 이 능력을 과소평가할 때가 많다. 변할 수 없으리라고 생각하면, 정말 우리에게는 변할 수 있는 힘이 없다고 믿게 된다. 이를 학자들은 '자기충족적 예언Self-fulfilling prophecy(자성적 예언 또는 자기완결적 예언이라고도 한다. ─ 옮긴이)'이라고 부른다. 예를 들어 시험 결과가 좋지 않을 경우, 우리는 자신이 공부에 재능이 없다고 결론짓는다. 이런 생각은 미래의 결과에도 영향을 끼친다. 다시 말해 우리가 새롭게 치르게 될 시험들에서도 실패할 거라고 스스로 프로그래밍을 하는 것이다.

근본적인 변화가 꼭 삶을 한꺼번에 전반적으로 바꾸어야 한다는 것을 의미하지는 않는다. 작은 변화들이 모여 진정한 변화를 이끌어낼 수 있으며, 발걸음을 조금씩 내딛다 보면 앞으로 나갈 수 있다. 부모도 자녀들과 함께 성장하면서 이런 변화를 경험할 수 있을 것이다.

자존감의 변화

강조하고 싶은 또 한 가지는, 우리의 자존감의 수준이 삶의 과정에 따라 변할 수 있다는 것이다. 자존감은 유년기에 완벽하게 결정되지 않는다. 자존감 또한 아이와 함께 성장한다. 그리고 아주 빨리 망가질 수도 있다. 10세 때는 자존감이 매우 높았으나 40세가 되어서는 자존감이 형편없이 낮아지는 사람들이 있다. 이와 반대의 경우도 있다. 여러 연구들에 따르면, 사람들이 자신에게 느끼는 이미지는 80세 이후에도 계속 변한다고 한다.

자존감은 우리가 삶의 다양한 모습에 부여하는 가치와 연관되어 있는데, 바로 이런 다양한 삶의 모습에 따라 한 사람의 자존감이 변화하기도 한다. 외모와 같은 신체적인 면, 능력, 기억, 문제 해결력, 결정력과 같은 지적인 면, 교우 관계나 인간관계 같은 사회적 면이 그것이다.

개념을 더 깊이 파고들면, 자존감의 수준이 삶의 다양한 영역에서 모두 동일하지는 않다는 것을 알 수 있다. 직업적인 분야에서의 자존감은 높은데, 가정생활이나 애정 생활에서는 낮을 수도 있다.

그리고 이런 다양한 자존감의 모습은 상호 의존관계에 있다. 즉, 한 분야(직업)에서의 성공이나 실패가 다른 분야(애정 생활)에 영향을 끼칠 수 있다. 특히 청소년들이 겪는 어려움인 외모 문제

('나는 못생겼어.')는 학교생활('나는 쓸모없는 사람이야.')이나 애정 문제('아무도 나를 사랑하지 않아.')에까지 영향을 준다.

자존감은 세월에 따라 형성되어간다는 사실을 명심하자. 자존감은 단번에 만들어지지 않으며 이미 생성되었다고 해서 영원히 확정적이지는 않는다는 점을 잊지 말자. 자존감은 상황에 따라 계속 변한다. 만약 과거의 긍정적인 경험들을 '비축량'으로 갖고 있다면, 그것은 우리가 현재 상황에 대처할 수 있는 최선의 기회들이 되어줄 것이다. 그 현재가 어려운 상황이라고 해도 말이다. 반대로 우리가 부정적인 경험들을 계속 축적했다면, 현재 상황에 대응하기가 훨씬 어려울 것이다.

: 자존감의 경제적 모델

몇몇 심리학자들은 자존감과 금융 투자 사이의 흥미로운 유사성을 발견했다. 그들의 결론은 다음과 같다.

- 자존감은 가치가 떨어지지 않도록 규칙적으로 재투자되어야 한다. 재투자되지 않은 모든 자본이 가치가 떨어지듯이 자존감 역시 계획과 활동, 행동 등을 통해 더 발달하고 보강될 수 있다.
- 감수한 리스크만큼 이윤도 크다. 지나친 신중함과 과잉보호는 자존감이 올바르게 발달하지 못하게 가로막는다.
- 초기 자본이 많을수록 위험을 더 쉽게 감당할 수 있다. 그래서 성인이 되어서 사용할 수 있도록 어린 시절에 자존감의 비축량을 늘려놓는 것이 중요하다.

요컨대, 자존감은 필수적인 것이지만 불안정한 성질이 있다. 자존감은 우리가 태어나서 죽을 때까지, 인격이 발달하는 과정 내내 감내해야 하는 과정이다.

마지막으로, 자존감이 남아돌 수도 있을까? 자존감 과잉은 자연스럽고 바람직한 상태가 아니다. 지나치게 높은 자존감은 과잉과 편향으로 이어지기 때문에 이를 통제해야 한다.

자존감과
외적 증상들

아이의 자존감을 키울 수 있는 요소들을 살펴보기 위해서는 먼저 자존감이 높은 경우와 낮은 경우에 나타나는 외적 증상들에 어떤 것들이 있는지 자문해봐야 한다.

하지만 너무 체계화하지는 않도록 주의하면서 자존감의 상태가 어떠한지 알려주는 아동과 청소년, 그리고 성인의 행동에는 어떤 것들이 있는지 알아보도록 하자.

부정적 증상

여기서 열거된 증상들이 각각 따로따로 나타난다고 해서, 그것을 곧바로 자존감이 낮다는 증거로 볼 수는 없다. 하지만 상당

부분이 함께 나타난다면 자존감이 지속적으로 흔들린다고 볼 수 있다.

따라서 열거한 증상들을 체계화하거나 일반화하지 않도록 주의하자. 아이도 성인과 마찬가지로 자존감이 심각한 수준으로 떨어져 다음 증상들 중 몇 가지가 함께 나타나는 자존감의 저하 또는 난조의 시기가 있을 수 있다! 여기에서는 자존감이 일반적으로 낮은 수준보다는 지나치게 과잉되거나 부족한 경우에 주목할 것이다.

스스로 행복한 아이로 키우는 진짜 자존감

아동의 경우

자존감이 과잉일 때

- 반사회적인 행동들과 지속적인 공격성이 나타난다.
- 부모 어느 한쪽에 대한 강박적 집착이 나타나 떨어지려고 하지 않는다.
- 허풍, 자만, 과시하는 행동들이 나타난다.
- 돋보이고자 하는 의도로 자신과 타인을 비교한다.
- 항상 이기고 싶기 때문에 이기거나 질 수 있는 게임을 거부한다.

자존감이 부족할 때

- 아무것에도 흥미를 느끼지 않는 소극적 성향이 나타난다.
- 자신을 사랑받기 힘든 존재라고 느끼고 버림받았다고 생각한다.
- 자신을 타인보다 열등하다고 느끼며 비교한다.
- '나는 아무것도 할 수 없어.', '나는 바보야.' 같은 식으로 자신을 경멸한다.
- 어떤 일에 대해 결코 해낼 수 없으리라고 느껴 의기소침해 있다.
- 자신을 무능하고 쓸모없는 존재라고 느낀다.
- 만남, 여행, 새로운 활동, 새로운 친구 등 새로운 것을 거부하고, 가정환경에서 벗어나는 것을 두려워한다.
- '싫어!', '멍청해!' 같은 문장을 반복적으로 사용한다.

사춘기 직전의 아동과 청소년의 경우

(아동의 경우와 증상이 같으나, 대체로 더 강하게 나타난다.)

자존감이 과잉일 때

- 집단에 소속되고자 하는 욕구인 '군거성'이 강하고, 집단의 영향에 매우 취약해 '타인들을 따라 하기 위해' 틀에 박힌 행동을 하는 편승 효과가 나타나며, 공격적인 행동을 보인다.
- 남의 시선을 끌고 싶어 큰 소리로 말하거나 웃고, 눈에 띄는 옷차림과 헤어스타일을 한다.
- 타인에 대한 책임감을 거부한다.
- 허세를 부리고, 싸우고, 자기 자랑을 늘어놓거나 약한 사람들을 위협하는 등 자신이 타인보다 더 강한 사람임을 드러내려는 욕구가 지속적으로 나타난다.
- 타인을 끊임없이 비난하는 경향을 보인다.
- 어른들에게 자신을 드러내지 않으려고 한다.
- 책임감을 거부한다.
- 모든 형태의 권위와 강제 규율(명령, 학교 규율, 법)을 거부한다.
- 육체적 폭력 행위와 공격적 언어를 사용한다.
- 타인에 대한 연민과 관심이 부족하다.
- 난관을 극복하지 않으려고 하며, 학습도 거부한다.

자존감이 부족할 때

- 불안해하고 소심하다.

- 배우기를 거부한다.

- 마음의 작용이 자신에게만 향하는 내향성이 나타난다.

- 새로운 것, 특히 미래를 준비하기 위해 새로운 시도를 하는 것을
  거부한다.

- 특별활동이나 미래의 직업 등에 대한 선택을 하거나 방향을 결정
  하는 것을 어려워한다.

- 질 수 있다는 두려움 때문에 아주 단순한 게임에서부터 모든 형태
  의 경쟁을 거부한다.

이와 같은 행동들이 누적되면 자존감이 낮다고 볼 수 있으며,
실패와 절망의 악순환에 빠질 위험이 있다.

성인의 경우
(어린 시절에 뿌리를 둔 일부 행동과 함께 특수한 행동들이 나타난다.)

자존감이 과잉일 때

- 비상식적인 행동과 이성을 잃은 모습을 보인다.

- 타인과 낯선 사람에게 반감을 느낀다.

- 자존감이 높은 사람들을 비난한다.
- 타인을 비방하고, 자신이 항상 옳다는 식으로 행동한다.
- 항불안제를 남용한다.
- 충동적으로 불필요한 구매를 한다.
- 멋지고 비싼 자동차나 명품 시계, 조건이 좋은 배우자 등으로 자신의 가치를 입증하려 한다.
- 지배적 행동이 나타나는데, 특히 직장에서 그러하다.
- 실패를 예찬한다.

: 자존감과 차별적 사고

미국에서의 몇몇 연구에 따르면, 낮은 자존감과 편협하고 인종차별적인 행동은 밀접한 관계가 있다고 한다.

자존감이 부족할 때

- 새로운 것을 두려워한다.
- 행동들이 경직되어 있다.
- 방어적으로 행동하며, 모든 행위를 정당화한다.
- 상투적인 행동을 한다.

- 내향성을 보이며, 새로운 것에 관심을 두거나 새로운 배움에 뛰어들기를 거부한다.
- 타인과 낯선 사람들을 두려워한다.
- 순응하거나 부적절한 반역을 한다.
- 자존감이 높은 사람들 앞에 있으면 불안해한다.
- 항상 불평한다.
- 선택하기를 어려워하고, 곤란한 결정을 할 때는 결과를 걱정하면서 결론 내리기를 계속 미룬다.
- 주변 의견에 영향을 많이 받는다.
- 실패와 비판에 매우 민감하다.
- 평소에 대체로 울적한 기분이며, 사기가 올랐다가 내려갔다가 들쭉날쭉하다.
- 칭찬을 받아도 불편해한다.

긍정적 증상

앞에서 자존감의 부정적인 상태에 대해 살펴보았으니 이제는 자존감의 밝은 면들을 알아보자. 마찬가지로 다음의 요소들도 개별적으로는 자존감이 건강한 상태라는 것을 보장하지 않는다. 대부분의 경우가 함께 나타날 때 자존감이 뿌리를 잘 내린 상태다.

자존감이 높은지 알 수 있는 요소들은 다음과 같다.

외적 표시

- 표정이 밝고, 말하거나 움직이는 방식에서 기쁨이 나타난다.
- 눈빛이 반짝이고 생기가 있으며, 표정, 턱, 어깨, 손, 팔 등의 신체가 경직되어 있지 않다.
- 움직임이 단순하다. 전반적으로 균형이 잘 잡혀 있으며, 예의가 몸에 배어 있다. 공격적이지 않다.(외적으로 나타나는 긴장은 종종 내적 상처를 반영하는 것이다.)
- 목소리는 너무 크지도 작지도 않게 상황에 적합한 세기이며, 발음이 명확하다.
- 말과 신체적 움직임이 일관성이 있고 조화롭다.
- 전반적으로 자기 자신과 사이가 좋은 인상을 준다.

일반적으로 어린아이에게는 이러한 외적 표시들이 모두 나타난다. 그렇다면 왜 점점 성장하면서 이 외적 표시를 잃어버리는 것일까?

삶을 이해하는 방식

- 새로운 사상과 경험, 삶의 새로운 가능성에 대해 호기심을 가지고 열린 태도를 보인다.

- 현실 그대로를 받아들이는 현실주의적 삶의 태도를 갖는다.
- 과거에 무엇을 했고 앞으로 무엇을 할지에 대해 정직하고 솔직하게 말할 줄 안다.
- 즐거움을 즐길 줄 알고 타인의 즐거운 모습에도 함께 기뻐할 줄 안다.
- 비판에 열려 있고, 정직하며, 자신의 잘못을 인정할 줄 안다. 자존감은 완벽한 모습을 갖추어야 높아지는 게 아니다.
- 불안하고 걱정이 있어도 이 감정에만 사로잡혀 있는 것이 아니라, 현실을 받아들이고 스스로를 진정시킨다.
- 변화에 대처할 줄 안다.
- 활력과 열정이 있다.
- 자신과 타인을 바르게 이해한다.

행동

- 과거의 잘못을 인정하고 고칠 줄 안다.
- 틀에 박힌 행동을 벗어나려는 욕구가 있고, 창의적이다.
- 자주적으로 생각하고 행동한다.
- 자신의 재능과 능력에 대한 신뢰를 바탕으로 유연하게 대처할 줄 안다.
- 스스로 정한 목표를 달성하기 위한 끈기가 있다.
- 자신의 직관에 자신감이 있다.

- 칭찬을 자연스럽게 받아들이고, 가식 없이 남을 칭찬할 수 있다.
- 스트레스를 받는 중에도 균형감과 품위를 지킬 줄 안다.

인격

- 타인을 배려한다.
- 주의 깊게 귀를 기울인다.
- 자연스럽게 타인과 협력할 줄 안다.
- 겸손하고 공손하며, 관용을 베푼다.
- 타인을 긍정적으로 받아들인다.

: 자존감과 교육 방식

교육 방식은 환경이나 지역, 국가에 따라 가변적이다. 그런데 바로 이 교육 방식 때문에 개인의 자존감에 대해 올바르지 못한 생각을 가질 수 있다. 한쪽에서는 성공에 대해 가능한 한 언급하지 않으려고 하는데, 한쪽에서는 개인적, 전문적 또는 경제적 성공에 대해 아주 자연스럽게 이야기하기도 한다.

기업 내에서 건강한 자존감은 다음 요소들과 관련이 있다고 본다.

- 노동의 질적 상승

- 원만한 인간관계
- 권력이나 돈처럼 자신의 능력을 초월하는 화려한 지위를 좇지 않고도 직업적으로 성공한다.

자존감이 낮은 경우에는 반대의 결과가 나타난다.

자존감을 파괴하는 부정적 메시지

만드는 것보다 부수는 게 더 쉬운 법이다. 이 진리는 수많은 분야에서 적용되었고 증명되었지만 특히 자존감에 있어서는 더욱 그러하다.

부정적인 말과 자존감의 관계

어른들은 무의식적으로 아이들의 자존감 발달에 말로 영향을 준다. 어느 연구원이 평범한 가정에서 자라는 아이가 태어나서부터 18세까지 '안 돼.' 또는 '이것이나 저것이나 하지 마.'라는 말을 대략 몇 번이나 듣는지 세어보니 무려 148,000번이었다고 한다!

교육 관련 웹사이트인 스쿨매터스가 영국 청소년 50명을 대상으로 했던 연구에서 연구원들은 학교와 가정에 관한 다음과 같은 사실에 주목했다.

- 교사들이 근무 시간 중 학생들을 칭찬하는 데 사용하는 시간은 1% 이하다.
- 각 아동이 1년 동안 학교 내에서 듣는 부정적인 말의 평균 횟수는 15,000번이다.
- 가정에서 하루 동안 아동이 듣는 긍정적인 말이 한 번이라면, '당장 해!', '하지 마!', '빨리 해!' 같은 부정적이고 명령조의 말은 평균 16번이다.

스스로 행복한 아이로 키우는 진짜 자존감

이런 부정적 메시지들이 계속 반복되면 아이가 자기 자신을 보는 방식에 어떤 영향을 받을지 예상하기가 그리 어렵지 않다. 아이들은 스스로를 인정하고 사랑하며 자신의 능력과 재능을 차분하게 발달시키기가 어려울 것이다.

> 신경과학에 따르면, 어린아이가 수용한 메시지들은 뇌의 일부에 한번 저장되면 성인이 된 후에도 이 부분에 대해 문제를 제기할 수 없다고 한다.

파괴적 행동과 자존감의 관계

파괴적인 행동은 어려운 환경에 사는 청소년들에게서 발견된다는 지적이 있다. 어떤 사람들은 이러한 청소년들의 파괴적 성향을 사회현상으로 보기도 하며, 체제에 대한 거부나 성인 세계가 제시하는 삶의 방식에 전반적으로 반감을 갖는 것이라고도 이해한다. 그런데 이 문제가 자존감과 관련된다면?

《자존감의 사회적 중요성The Social Importance of Self-Esteem》의 공동 집필자인 사회학자 닐 스멜서Neil Smelser는 자존감에 대한 많은 연구들을 바탕으로 청소년들의 경우 좋지 않은 성적, 장기 결석, 폭력, 과도

한 음주, 약물, 비만 등 수많은 사회문제의 원인이 되는 일련의 행동들을 통해 낮은 자존감이 표출된다는 결론을 내렸다. 또한 이둘의 연관성에 대해 고민하고 주목하는 것으로 이런 사회문제들의 상당 부분을 극복할 수 있다고 예상했다.

폭력적 행동과 자존감의 관계

청소년 폭력의 가장 일반적인 요인은 바로 '파괴된 자존감에 대한 보상'이다. 대부분의 폭력이 자존감을 보호한다는 이유로, 하찮고 터무니없는 사건들에서 촉발되는 경우가 많다.

다음의 다양한 원인들이 따로 또는 함께 작용해 자존감이 무너질 수 있다.

- 타인이 가진 것에 대해 부러워하거나 낙심할 때(경제적 결핍, 청소년층을 대상으로 한 광고의 영향)
- 너무 이른 시기에 성생활과 약물에 노출될 때
- 부모가 무책임하여 자녀에게 울타리 역할을 할 줄 모르고 삶의 규범을 정해주지 못할 때
- 교사의 인격이 좋지 않아 아동이나 청소년을 그들이 처해 있는 어려움 속으로 더 몰아넣고 그들의 필요를 중요시하지 않을 때

- 부모가 실직하는 등 생활환경이 경제적으로 어려울 때
- 신체적 또는 정신적인 폭행을 당했을 때
- 텔레비전, 인터넷, 비디오게임에 지나치게 오래 노출되거나, 폭력에 안이하게 대처하는 환경에서 살 때

여기에서도 마찬가지로 청소년의 자존감 개선은 단순히 유토피아적 천사주의나 교육 방식을 의미하는 것이 아니라 청소년 폭력 예방을 위한 실마리가 되어줄 것이다. 청소년을 돕는 일에 종사하는 많은 교육자들은 이미 오래전부터 이러한 사실을 충분히 이해해왔다.

아이의 자존감의 기초를 다지고 폭력적이고 파괴적인 행동에 빠지지 않도록 돕는 장소는 바로 가정과 학교다.

- **가정** 부모 또는 가정과 아이의 강한 유대 관계는 단체나 무리에 대한 유혹을 줄여줌으로써 폭력의 위험을 줄인다.
- **학교** 아이가 자존감을 최고 또는 최악으로 형성할 수 있게 하는 특별한 역할을 한다. 청소년들이 파괴적 행동을 보이는 것은 지적 능력으로는 성공할 수 없다는 사실을 스스로 깨달았기 때문일 때가 많다. 일반적으로 이런 감정은 학교 제도 때문에 생성되며, 일부 교사들이 반복적으로 실행하는 부정적 '줄 세우기'로 말미암아 발생한다.

자기 파괴와 가면 증후군

자존감이 낮은 상태와 관련된 행동 유형은 유년기 때부터 형성되기도 하는데, 이는 성인이 되면서 더욱 견고해진다. 바로 '자기 파괴' 형태가 그것이다. 무엇인가를 잘해내는 중일 때도, 이것은 결국 실패하기 위한 과정이며 자신의 실제 수준은 그보다 열등하다고 믿는 것이다. 예를 들어 학교에서 이런 유형의 아동을 찾아볼 수 있는데, 무의식적으로 부모보다 '똑똑하기를' 거부하고 시험에서 일부러 나쁜 성적을 받으려는 경우가 있다.

성인의 경우에는 과분하다고 생각하고 우연이나 운이 좋아서 생긴 결과라고 판단하는 '성공을 거부하는' 사람들에게서 이런 행동 유형이 나타난다. 그들은 심지어 성공이 오히려 자기 자신의 꿈을 방해한다고 생각한다.

심리학자들은 이를 '가면 증후군'이라고 부른다. 남성보다 여성들에게 훨씬 더 많이 나타나는 증상이다. 다음의 경우에서 이러한 행동 유형을 찾아볼 수 있다.

- **직장에서** 성공을 두려워하고, 눈부신 성공의 순간에도 계속 이런 성공을 이루어낼 수 없을 거라고 생각하거나 걱정한다. 또한 자신의 성공의 가치를 애써 부인한다.('그냥 운이 좋았을 뿐이야.', '내가 아니더라도 아무나 오를 수 있는 자리야.', '아니야, 나는 아무

런 자격이 없어.')

- **애정 관계에서** 상대에 비해 자신의 가치를 폄하한다.('그녀는 나에 비해 너무 잘났어.', '그는 나를 만난 게 실수야. 그가 내 진짜 모습을 알면 나를 사랑할 수 없을 거야.')
- **자녀와의 관계에서** 자기 자신을 비난하듯 자녀들의 성공에 대해서도 비난을 퍼붓는다.
- **사생활에서** 행복을 두려워한다.('지금의 좋은 게 지나가면 곧 불행이 찾아올 거야.')

이러한 예들은 자신의 삶을 파괴하도록 <u>스스로 프로그래밍을</u> 하는 것이다. 하지만 똑같은 상황에서도 '할 수 있다는 걸 나도 알고 있었어.', '나는 할 수 있어.'처럼 긍정적으로 반응하는 사람이 있다.

가짜 자존감

우리는 잘못된 방법으로 자존감을 찾으려고 할 수 있다. 그리고 정작 우리 자신을 제외한 채 자존감이 높다고 착각할 수도 있다. 이런 가짜 자존감을 나타내는 행동들을 살펴보자.

- 양심, 책임감, 그리고 정직성 같은 핵심 요소들을 통해 자존감을 추구하지 않고, 인기, 물질적 획득 또는 성적 욕망 충족으로 자존감을 찾으려고 한다.
- 개인의 진정성보다 어떤 공동체나 종교, 정당, 집단에 속하거나 최신 기술 제품을 사용하고 비싼 브랜드 옷을 입는 것에 더 큰 가치를 부여한다.
- 자신을 존중하기보다 대외적으로 자랑할 수 있는 자선 활동을 통해 자존감을 찾는다.('나는 선행을 하고 자선단체에 기부를 해. 그러니까 나는 좋은 사람이야.')
- 권위와 능력을 갖추려고 하기보다 타인을 마음대로 부리거나 조종하고 싶어 한다.
- 가족, 친구, 동료들에게 사랑받고 있지만 제 자신을 사랑하지 않

을 수 있다.

- 동료들에게 감탄을 불러일으키고 있지만 스스로는 아무 가치 없는 존재로 여긴다.
- 타인에게 능력이 좋다는 이미지를 심어주고 있지만 사실 스스로는 자신의 무능함이 인젠가 만천하에 드러날 것이라 여기고 두려워할 수 있다.
- 타인의 기대에는 부응하고 있지만 정작 자기 자신의 기대에는 부응할 수가 없다.
- 자신의 체면을 생각해서 바삐 움직이고 있지만 스스로는 그다지 보람을 느끼지 못한다.
- 수많은 사람의 숭배의 대상이지만 매일 아침마다 진짜 나로 살지 않고 있다는 공허함 속에서 깨어난다. 진짜 나의 모습을 들킬까 봐 두려워하고 사기꾼이 된 듯한 기분에 사로잡혀 있다.

타인의 인정과 자존감

이처럼 다른 사람에게 사회적으로 인정받는다고 해서 우리의 자존감이 제대로 형성되는 것은 아니다. 지식, 학위, 명성, 재산, 화려한 결혼 생활, 훌륭한 집안, 자선 활동, 성욕 충족 등을 통해 나름 심리적 안정감을 얻을 수는 있지만 어디까지나 그것은 일시적일 뿐이다. 이런 심리적 위안이 진정한 자존감을 의미하지는 않는다.

많은 사람들이 자기 스스로가 아닌 다른 외부의 것들에서 자존감을 찾으려고 애를 쓴다. 그래서 더더욱 진짜 자존감을 찾을 수 없는 것이다.

이런 방식으로 자존감을 이해하기 시작하면, 우리는 스스로를 속이는 긍정적 이미지를 갖기 위해 노력한다. 하지만 타인에게 가짜 긍정적 이미지를 심어주면 그만이라고 믿는 것이 얼마나 바보 같은 일인지 깨달아야 한다. 우리는 스스로 다음과 같이 말하기를 멈추어야 한다.

"아, 진짜 승진만 했었더라면…, 이상과 취향이 같은 사람을 찾았더라면…, 더 큰 차를 살 수 있었더라면…, 돈이 더 많았더라면…, 그 시험을 잘 봤었더라면…, 내 아이들이 멋지게 성공했더라면… 나는 정말 마음의 안정을 찾을 수 있었을 텐데…."

자존감의 궁극적인 근원은 내면이다. 내면일 수밖에 없다. 내적인 것이야말로 우리 스스로에게 집중하고 우리 자체로 성장할 수 있는 내공이다.

건강한 내면은 외적 요소들이나 사회적 환경의 판단, 유행에 따라 달라지지 않는다. 마찬가지로 자녀들에게도 그들 자신만의 인격을 형성하도록 가르쳐야 한다. 다른 사람이나 어떤 유행이나 그들이 속해 있는 집단의 의견을 바탕으로 이리저리 휩쓸리지 않

고 자기 자신만의 내적인 힘을 기초로 하여 스스로를 세워갈 수
있게 해야 한다.

2장

자존감의 기초인
긍정적 감정들

안정감
키우기

　자녀를 키우는 궁극적인 목적은 무엇일까? 아이를 키운다는 것은 세대에 걸쳐 인류의 발전을 가능하게 하면서 본질적으로 아이가 성인으로서 독립적인 삶을 살아가도록 준비시키는 것이다. 처음에 어린아이는 전적으로 의존적이다. 아이는 자기 자신에 대해 무한한 믿음을 가지고 있지만 아직 개인의 정체성을 지니지 못했기 때문에 자존감 역시 없다. 독립을 향한 과정은 내적으로 성숙해가는 과정과 연관되어 있다.

　아이를 키울 때 부모는 이런 내면의 성숙 과정이 얼마나 필요한지 절감하지 못하고, 가치관, 사고방식, 부모가 가진 종교나 사회적 행위들을 강요하려는 경향이 있다. 물론 부모가 자녀에게 자신의 가치관을 전달하고 싶어 하는 것은 당연하다. 하지만 부모 자신의 인격을 자녀에게 강요해서는 안 된다. 자녀가 자신만의 인격을 갖출 수 있도록 도와야 한다. 아이가 점진적으로 스스로 깨달아 부모의 가치관에 동화되도록 해야 할 것이다. 혹시 부모의 가치관을 받아들이지 않아도 부모는 이를 인정해야 한다.

> 흥미로운 것은 흔히들 생각하는 것과 다르게 아이의 자존감 발달과 가정 형편, 교육 환경, 사는 곳의 지리적 위치, 사회 계급, 부모의 직업이 꼭 상관관계가 있는 것은 아니라는 사실이다. 그보다는 아이가 가까이 지내는 몇몇 성인들과 어떤 관계를 유지하고 있느냐가 중요하다.

인간이라는 존재는 유년기와 청소년기에 자기 자신에 대한 여러 가지 중요하고 긍정적인 감정들이 발달되는 과정을 통해 자존감이 형성된다. 이런 긍정적인 감정들이 자존감을 확립할 수 있는 기초를 만든다. 그리고 이런 요소들이 부모 행동의 틀을 만들어낼 수 있다.

자존감 확립에 기초가 될 긍정적인 감정들은 다음과 같다.

- 안정감
- 자아 정체감
- 소속감
- 자신감
- 목표의식과 책임감

우리는 여기에서 아동과 청소년들의 긍정적 감정들을 발달시킬 수 있는 실질적 방법들에 대해 상세하게 살펴볼 것이다. 우선 그 첫 번째로 신체적, 정서적, 정신적 안정감을 키우는 방법에 대해 알아보자.

아이에게 안정감을 키우고 이를 좋은 상태로 유지하게 하는 것은 자존감을 형성하는 다른 핵심 요소들의 기초가 된다. 인간 욕구의 5단계설을 주장한 에이브러햄 매슬로Abraham Maslow에 따르면, 오직 안정감을 느끼는 아이만이 건강하게 자랄 수 있고 앞으로 나아갈 수 있다고 한다. 반대로 불안하고 혼란한 삶은 심각한 심리적 문제들을 발생시키며 건강한 자존감 형성을 방해한다. 성인의 경우 파괴적 성향과 정신적 외상이 있는 사람은 대부분 유년기 시절 안정감이 부족한 것이 원인이다.

신체적 안정감

갓난아이의 기본적 욕구는 원초적인 신체 욕구에 대한 충족이다. 아이의 신체적 안정감을 위해서는 엄마의 배 속에서 바깥세상으로 나온 후 적대적이고 공격적으로 느껴질 수 있는 주변 환경을 믿을 만한 곳이라고 여기게 해야 한다.

신체적 안정 욕구는 인간이라는 존재에게는 가장 본질적인 것이며, 유아기에만 한정된 것이 아니다. 역설적으로 청소년에게는 안정 욕구가 이제 곧 날아오르기 위해 꼭 필요한 요소다. 그리고 성인은 이 안정 욕구 속에 뿌리를 두고 있는 복합적인 행동들을 실행한다. 좋은 자동차를 산다든지, 정원 주위로 울타리를 친다든지, 재산을 축적하는 등의 행동들이 바로 그것이다.

신체적 안정감을 키우기 위한 실질적 방법

생존 욕구에 응답하기

먹고, 자고, 씻고, 쓰다듬을 받고, 보호받는 것은 어린아이에게 필수적이며 생존과 직결되는 문제다. 이에 대한 욕구는 아이가 성장하면서 점차 진화하며 다양한 형태로 변화된다.

신체적 안전 보장하기

아이가 신체적인 상처를 입을 수 있는 위험을 부모가 최소화해주는 것을 의미한다. 과잉보호가 아니라 세상을 발견하는 환희를 최대한 느끼게 해주는 것이다.

부모는 아이를 과보호하려는 경향을 보일 때가 많다. 예를 들어 아이를 보호한다는 구실로 하루 종일 아이 주위로 울타리를 쳐두기도 한다. 하지만 아이는 자연적으로 움직이고 싶고 놀고 싶고 새로운 것을 발견하고 싶어 하지, 갇힌 채로 가만히 있고 싶어 하지 않는다. 안전 규율들이 강요되어 아이가 지나치게 좁아진 삶의 반경 속에서 과잉보호되는 경우, 아이는 삶을 스스로 꾸려나가기 힘들고 자존감 형성 또한 어려워지며, 자주 불안해할 것이다.

스킨십에 중요성을 부여하기

아이의 자존감이 건강하게 형성되려면 스킨십이 필수다. 신체적 성장과 건강을 위해서도 그렇고 감정적 발달, 심지어 두뇌와 지적 발달을 위해서도 스킨십은 중요하다. 아빠, 엄마를 비롯해 자신을 돌보는 어른들로부터 스킨십을 부족하게 경험하며 자란 아이들은 완전히 사라지지 않는 깊은 고통과 결핍, 공허함을 지니고 살아간다.

안정적인 환경에서 살게 하기

아이가 잦은 변화 속에 살면 안정감을 느끼기가 어렵다. 아이에게는 식사, 취침, 외출 등의 습관처럼 으레 하게 되는 행동들이 필요하다. 유아기에는 보모, 양육 시설, 사는 장소, 맡아 돌보는 성인의 변화를 되도록 피해야 할 것이다. 특히 한부모 가정에서는 유념해야 할 내용이다.

주변 환경과 구조를 고정시키기

아이가 건강하게 성장하기 위해서는 안정감을 느낄 수 있는 알맞은 구조가 필요하다. 알맞은 구조란 수용할 수 있고 허용된 것에 대해, 협상 가능한 것과 불가능한 것에 대해 실천 가능한 명확한 규칙이 포함되어 있어야 한다. 예를 들어 아이에게 행동 규칙과 시간, 들어가면 안 되는 장소에 대해 이해시켜야 한다.

이런 삶의 테두리와 규칙은 부모에게 권위의 역할을 부여한다. 물론 이런 틀은 아이가 자라남에 따라 변해야 한다. 또한 일정한 연령부터는 부모와 아이가 함께 의논하여 규칙을 정하는 것이 중요하다.

아이들이(심지어 청소년들도) '전적인' 자유를 원하는 것은 아니라는 사실을 잘 이해해야 한다. 아이들은 제한을 필요로 하며 이런 제한이 없으면 오히려 불안해한다. 또 그들에게 주의를 기울이는 누군가가 있다는 것을 인지하고 있어야 한다. 자유방임적인 부모는 아이를 심한 불안에 시달리는 사람으로 키울 우려가 있다. 청소년들의 경우에 신체적 안전과 연관된 모든 강압을 표면적으로는 거절하지만 진심을 들여다보면 안전의 테두리를 매우 필요로 한다는 것을 알 수 있다. 이는 '방'이라는 공간으로 나타날 때가 많은데, 청소년들은 필요한 경우에 자신만의 공간으로 피신할 수 있다. 아이는 가족 내의 한계와 규칙에 적대감을 드러내지만 결국에는 이를 기준으로 자신의 행동과 품행을 평가하고 거기에 맞추게 된다.

정서적 안정감

아이의 인생에서 감정은 어마어마하게 중요하다. 주위의 다른 사람들에게서 전해지는 감정들뿐만 아니라 스스로 느끼는 감정들도 매우 중요하다. 정서적으로 안정적인 환경을 만드는 것은 아이의 자존감 형성에 매우 중요한 요소다.

정서적 안정감을 키우기 위한 실질적 방법

정서적 욕구와 감정적 필요에 응답하기

정서적 안정은 애정이 담긴 신체적 접촉, 격려, 자신의 행동들에 대한 가치 부여, 소년 또는 소녀로서 인정받았다는 사실, 함께 웃고 즐기는 일들, 공동 모의 등을 통해 이루어진다.

> 아이는 자신과 자신의 인격을 향한 긍정적인 시선을 필요로 한다. 하지만 많은 아이들이 이런 긍정적인 시선 대신 가정이나 학교에서 비난의 대상이 되는 경우가 많다. 특히 학업에서 좋은 성적을 얻도록 하기 위해서나 '처신을 잘하도록' 하기 위해서 아이를 비난할 때가 많다.

사회적 욕구에 응답하기

어른은 물론 또래 아이들과 계속 접촉하면서 동성 또는 이성과 친구가 되어 방문, 여행, 휴가 등의 다양한 경험을 할 때 아이는 정서적으로 풍부해진다.

감정을 인정하기

아이의 감정을 인정하면(항상 그 감정에 동의하는 것을 의미하지는 않는다.) 아이는 다른 사람들에게 인정받았다는 느낌을 받는다. 또 자신이 눈에 띄는 존재라는 느낌, 다른 사람들을 위해 존재한다는 느낌을 받을 수 있다. 예를 들어 "너는 누나가 장난감을 빼앗아서 화가 났구나. 그래, 알아. 하지만 다른 사람을 깨무는 행동은 안 된다는 걸 너도 알지?"와 같이 아이의 감정을 짚어 이야기해주면서 아이가 당장 느끼는 감정에서 성찰로 넘어갈 수 있도록 해야 한다.

정서적 안정감을 가진 어른이 곁에 있기

아이의 이해할 수 없는 변화들에 끌려다니지 않는 안정적인 정서를 가진 부모나 어른이 곁에 있어야 한다. 아이는 울음이 터지거나 화가 날 때 아무도 자신에게 관심을 기울이지 않거나, 명확한 이유도 없이 지속적으로 무시당하면 정서가 혼란스러워질 수밖에 없다.

현실을 받아들이게 하기

장애가 있는 형제, 알코올중독 아버지, 아픈 어머니, 곧 돌아가시게 될 할머니 등의 현실을 '마치 존재하지 않았던 것처럼' 무조건 부인하지 않고 현실 그대로 받아들이게 한다.

인정의 신호를 명확하게 보내기

부모를 비롯한 어른들이 아이에게 보내는 '인정의 신호', 즉 아이 행동에 대한 응답을 통해 어떻게 아이의 인격을 세우고 또 무너뜨릴 수 있는지는 5장 '자존감을 높이는 실제적인 활동'(251쪽)에서 다룰 것이다.

불가능하거나 너무 어려운 요구는 하지 않기

만약 사회적 행동을 강요받는다거나 좋은 학업 성적을 받으라는 등 아이가 부모로부터 압박을 계속 받는다면 어떨까? 아이의 인격은 정서적으로 안정감을 전혀 느끼지 못하고 잘해내지 못할 것이라는 두려움에 항상 시달릴 것이다.

부모의 기대가 너무 비현실적인 경우 아이는 이 기대에 부응하고 싶어 하면서도 지속적으로 두려워하는 감정을 지니게 되어 결국에는 스트레스에 시달린다. 이런 이유로 위궤양, 불면증, 심리적 불안 상태, 우울증으로 힘들어하는 아이들이 점점 많아지고 있다. 어떤 부모들은 자녀를 마치 고난이도의 운동을 하는 선수처럼 코치한다. 그리고 자신이 자녀를 학대하고 있다는 사실을 자각하지도 못한 채 코칭 강도를 자꾸 높여간다.

인격을 해치는 행동 삼가기

창피, 굴욕, 실패 반복, 거절, 폭력(언어적 또는 신체적)으로 아이를 위태롭게 해서는 안 된다. 아이는 이러한 상황에 부딪히면, 자신감을 빠르게 잃어 자존감을 제대로 형성해나가지 못한다.

아이가 말하거나 행동하는 모든 것에 대해 "뭐?", "너는 아직 이런 것도 할 줄 모르니?", "내가 네 나이 때는….".라는 식의 말이나 행동으로 거부하거나 신체적으로 폭행을 가하면 아이는 큰 모욕감을 느낄 수 있다. 이 같은 창피를 당할 때 아이는 왜 자신이 거절을 당하는지를 모른다. 그렇지만 그런 말이나 행동을 하는 성인을 신뢰하기 때문에 잘못한 건 자기 자신이라고 생각한다. 어린아이가 가지고 있던 행복, 조화로움, 그리고 동질성에 대한 본래 감정은 점차 두려움, 죄의식과 같은 자각으로 바뀐다. 이러한 폭력과 모욕은 특히 자존감이 형성되는 중에 진한 상처로 남아 평생 지울 수 없다. 이렇게 공격적이고 파괴적이며 굴욕적인 경험을 한 아이들의 70%는 그들 자신이 부모가 되었을 때 자녀들에게도 똑같은 행동을 보인다.

정신적 안정감

아이는 세상에 태어났을 때부터 정신을 자극하고 동원하는 환경 속에서 자라고 발달한다. 자신에게 일어나는 모든 것, 경험하는 모든 상호작용, 감각과 두뇌에 미치는 범위를 통과한 모든 것들을 이해하고 조직화해야 하는 것이다.

아이의 정신 건강이 유년기는 물론 청소년기에도 잘 발달하려면 주위에 있는 성인들의 정신세계가 모순이 없고 안정적이어야 한다.

정신적 안정감을 키우기 위한 실질적 방법

정신적 욕구에 응답하기

특히 배우고자 하는 아이의 욕구를 충족시켜야 한다.(배움의 장소를 학교로만 국한시키지 않는다.) 만지고, 보고, 듣고, 맛보고, 냄새를 맡는 모든 감각 체계를 통해 아이를 자극하는 게 좋다. 아이 스스로가 제자리에 가만히 있거나 과잉보호를 바라는 것이 아니라면 스스로 찾아내고, 시도하고, 경험하게 내버려둔다. 가능한 한 다양한 방식으로 아이의 창의력을 자극한다.(음악, 미술, 창의적인 놀이, 공연 등)

> 창의력 자극은 유치원을 졸업한다고 해서 끝나는 것이 아니다. 이것은 유년기, 청소년기, 그리고 평생 동안 계속되어야 한다. 학교는 특별활동이 아이들의 창의력을 담당해야 한다고 여기며 책임을 회피하고, 혹시 담당하더라도 아주 미미한 수준일 뿐이다. 창의성은 순전히 교육제도의 선택이다. 핀란드나 한국의 교육제도는 특별히 오후에 창의적 활동을 장려하지만, 프랑스와 같은 다른 국가들은 그렇지 않다.

납득할 수 있는 규칙들을 정착시키기

아이가 일상생활에서 지켜야 하는 규율들은 아이 수준에서 납득할 수 있어야 의미가 있으며 공정하다고 할 수 있다. 전날에는 무관심했거나 심지어 보상을 주었던 행동을 오늘 꾸짖거나 벌하지 않아야 한다. 가변적이고 예측 불가능한 취침 시간을 지키도록 강요하거나 안전 규칙을 예고 없이 변경하는 것은 좋지 않다. 예를 들어 어제는 혼자 길을 건널 수 있게 했는데, 오늘은 금지하는 식으로 규칙이 계속 변하면 안 된다. 또 자신이 약속하거나 말한 것들을 실행하고, 잘못을 인정하고 사과할 줄 아는 어른들이 주위에 있어야 한다.

언어와 비언어 간의 모순 피하기

예를 들어 엄마가 "울지 마, 뚝!"이라고 소리를 지른다. 이때 아이는 우는 것(비언어)과 소리를 지르는 것(언어) 중, 해도 괜찮은 건 무엇이라고 생각할까? 또는 엄마가 휴대전화를 들고 통화하면서 아이에게 마구 뽀뽀를 한다. 아이는 엄마가 자신에게 관심을 가질 때 하는 행동과 무관심할 때 하는 행동을 어떻게 구별할 수 있을까?

일관성 있고 설명 가능한 성인의 세계에 점진적으로 접근시키기

아이에게 일어나는 모든 일에 대해 설명하는 시간을 갖고 아이의 '왜?'라는 물음에 비웃거나 핑계를 대지 말고 진지하게 대답한다. 또 아이가 이해하지 못하고 무서워할 수 있는 세상을 보여주는 TV 프로그램을 아이 혼자 보지 않게 한다.

> 만약 세상이 아이 앞에 이해할 수 없는 모습으로 나타나면 아이는 이해하지 못하는 것에 대한 책임을 자기 자신에게 돌린다. 아무것도 이해할 수 없다면 자신이 멍청하고 무능력하다고 생각하는 것이다. 이러한 상황은 아이의 자존감 발달을 아주 어렵게 만드는 요인이다.

안정감을 빼앗는 학대 행동

아이에게 신체적, 정서적, 그리고 정신적으로 안정된 환경이

주어지면 아이는 균형 있게 성장할 수 있다. 그런데 일부 부모들 중에 아이를 절대 '고치 속에서' 키우면 안 된다고 말하는 사람들이 있다. 유년기부터 삶은 본래 힘든 것이라는 사실을 가르쳐야 한다고 생각하는 사람들이다. 그들은 자녀를 거칠게 대하면서 "거봐, 나도 그렇게 살았지만 죽지 않았잖아."라는 식의 말도 안 되는 논리로 자신의 행동을 정당화한다.

이것은 오해다. 아이 주위에 안전한 환경을 만들어주는 것은 아이를 연약하게 만드는 것이 아니다. 아이를 과보호하는 것도 아니며 아이가 원하는 것을 모두 하도록 무책임하게 내버려두는 것도 아니다. 반대로 앞으로 살면서 맞닥뜨릴 어려움들을 이겨내기 위해 더욱 강하고 단단한 뿌리를 내리게 하는 것이다.

아이를 안전한 환경에서 자라지 못하게 하는 것은 학대일 수 있다. 익히 알고 있는 신체적, 그리고 성적인 아동 학대는 자존감 발달에 끔찍한 악영향을 끼치며 법적으로도 물론 금지되어 있다. 그런데 이처럼 폭력적으로 느껴지지는 않지만 아이의 자존감 발달에는 심각한 걸림돌이 될 수 있는 학대 행동들이 있다. 부모가 아이에게 다음과 같은 행동을 할 때 아이를 학대한다고 생각할 수 있다.

- 아이가 하는 것이 잘못되었다고 끊임없이 반복해 말할 때
- 도저히 허용할 수 없는 감정을 아이가 표현했다는 이유로 체벌을 가할 때
- 아이에게 창피를 주거나 아이를 조롱거리로 만들 때
- 수치심과 죄의식을 느끼게 함으로서 아이를 지배하려 할 때
- 지나치게 과잉보호를 한 결과 아이가 정상적인 생활을 하지 못하고 혼자서는 아무것도 못 하게 되었을 때
- 지나치게 과소보호를 하여 아이를 불안하게 할 때
- 아이를 아무런 규율 없이 키우거나 규율이 있더라도 모순적이고, 아이에게 혼란을 주거나 가혹할 때
- 부모가 아이에게 거짓을 말하면서 정작 아이 스스로 현실을 깨닫고 사고한 것은 부인할 때
- 은연중에 아이가 자신의 능력을 의심하도록 조장할 때
- 아이에게 신체적 폭력을 가하거나 협박함으로써 아이 스스로 생

각하고 행동하고 감정을 지니는 것을 두려워하게 만들 때

- 아이가 자신을 쓸모없고 나쁜 사람이라고 여기도록 가르칠 때

안정감의 긍정적 효과

아이가 신체적, 정서적, 정신적으로 안정된 분위기에서 살면 자존감 형성에 도움이 되는 태도, 행동, 감정들을 고루 발달시키며 성장할 수 있다.

기쁨의 감정

아이는 안전하다고 느끼면 자연스럽게 기쁨의 감정이 솟아 삶에 활기를 얻는다.

만지고, 놀고, 움직이는 기쁨, 음악과 이미지, 맛, 냄새 등을 통해 모든 감각을 사용하는 기쁨, 다른 사람들과 함께 사는 기쁨, 배우고 발견하는 기쁨, 경험하는 기쁨, 인정받고 사랑받는 기쁨, 이런 모든 기쁨은 자존감이 형성되는 데 아주 중요한 역할을 한다. 유년 시절에 기쁨의 감정을 많이 경험한 사람은 어려운 순간이 닥칠 때마다 이 내적 만족의 경험을 돌이켜봄으로써 건강하게 극복할 수 있다.

신뢰감

아이의 신뢰감은 안정적인 환경의 결과다. 자신의 능력에 대한 신뢰, 발견한 세상에 대한 신뢰, 주위 어른들에 대한 신뢰 등은 아이에게 내적 안정감을 느끼게 함으로써 건강한 자존감을 형성할 수 있게 한다.

> 연구에 따르면, 부모와의 관계 속에서 안정감을 느끼는 아이들이 더 독립적이고, 분리의 상황에 잘 대처하며, 학교생활을 할 때 자기 자신에 대한 큰 신뢰감을 보인다고 한다.

청소년 시기에는 부모에 대한 신뢰감을 유지하는 것도 무척 중요하다. 왜냐하면 이제 지속적인 변화 과정에 들어선 청소년은 자신과 타인에 대한 신뢰를 잃어버릴 위험이 있기 때문이다. 이 시기의 아이에게는 기대고 믿으며 의지할 수 있는 어른이 자신 곁에 존재한다는 사실을 아는 것이 매우 중요하다.

위험을 감수하는 능력

정신적인 것처럼 신체적, 정서적인 체계에서도 안정감 역할을 하는 감정은 아동 발달을 위한 필수 동력이다. 그 안정감 역할을 하는 것이 바로 '위험을 감수하는 능력'이다. 안정감을 느끼는 아

이는 세상을 발견하기 위해 세상에 용감하게 뛰어들 수 있고 새로운 장소를 탐험하고 새로운 행동을 경험할 수 있다.

위험 감수 능력은 학교에서 제대로 발휘된다. 이 능력을 가진 아이는 교실에서 앞에 나서야 하는 순간과 자발적으로 칠판 앞으로 나가 발표하는 것을 자연스럽게 받아들인다. 그리고 혹시 실수하게 되더라도 교사나 친구들의 판단이나 비웃음을 처벌처럼 느끼지 않는다.

개인적 확신감

안정적 환경에서 살고 있다고 느끼는 아이는 태어나서부터 지니고 있던 자신감을 잘 간직할 것이며, 또 이 자신감을 개인적 확신감으로 변환시킬 수 있다. 아이는 점차 변화에 대처할 수 있게 될 것이다. 변화의 순간을 지나치게 어려워하지 않고 잘 헤쳐 나갈 수 있다. 또한 변화에 적극적으로 나서고 미지의 것에도 과감히 맞설 것이다.

자아 정체감 키우기

안정된 환경이 조성되었을 때는 자아 정체감이 더불어 발달한다. 아이는 점차 자신의 신체적 특성과 흥미, 역할, 특징 등에 대해 더 구체적이고 현실적인 생각을 함으로써 자기 자신을 인정하고 받아들일 수 있다.

자아 정체감을 키우는 실질적 방법

아이를 있는 그대로 받아들이기

부모들은 스스로 인정하지 않겠지만, 대부분 자녀들을 너무 완벽한 잣대로 바라보는 경향이 있다. 그런데 아이는 항상 부모의 기대와 다를 수밖에 없고, 자녀에 대한 이 기대는 부모에게 실

망감으로 돌아올 수밖에 없다. 예를 들어 '왜 저렇게 성실하지 못할까?', '음악을 좋아하는 것처럼 수학도 좋아해야 할 텐데.', '연극은 좋아하는데 학교 성적은 좋지 않네.' 등의 실망을 한다.

현실의 아이가 이상적인 아이로 변하는 일은 쉽지 않다. 그런데 일부 부모는 그들이 생각하는 이상적인 모습에 자녀가 맞춰지도록 강요하는 경향을 보인다. 이런 경우 아이는 스스로를 아무 능력이 없는 사람으로 느낄 위험이 크다. 아이를 있는 그대로의 모습으로 인정하고 받아들이는 부모는 아이에게 정말 큰 도움이 된다. 자, 부모가 아이의 모습 그대로를 인정하고 받아들였다는 것을 보여줄 수 있는 몇 가지 경로들을 살펴보자.

아이를 온전한 한 인간으로 대하기

나의 자녀는 여자아이다. 이 아이는 초록색 눈동자에 빨간 머리이며 이런 재능이 있고 저런 특징이 있다. 그리고 이런 신체적 특징이 있고 저런 감정을 느끼며 지긋지긋한 결점도 있다. 이런 모습들 모두가 나의 아이다.

아이의 약점도 받아들이기

아이의 약점을 수동적으로 인정하기만 하라는 의미가 아니다!

만약 아이에게 약점이 있다 하더라도, 부모가 아이의 강점에 주목해야 아이는 자신의 약점을 극복할 수 있는 힘이 생긴다. 이는 학교 교사도 마찬가지다.

아이에게 관심을 기울이고 말을 경청하기

무관심은 폭력보다 더 근본적으로 아이의 생명력을 앗아간다! 부모는 아이가 자신의 필요, 고통, 분노, 기쁨, 욕구, 사랑을 표현하는 방법이 무엇인지 발견해야 한다. 이를 위해서는 아이에게 진심으로 관심을 기울여야 한다. 또 경청과 해석의 능력이 필요한데, 이 능력은 아이가 어릴수록 특히 더 필요하다.

이해받았다는 느낌을 갖게 하기

아이는 부모가 자신의 말을 들어주었다고 느끼는 것만으로도 만족하고 좋아한다. 감정, 취향, 욕구, 생각들을 인정받았다는 느낌을 받으면 훨씬 더 좋다.

아이를 한 인간으로 존중한다는 것을 드러내기

이를 위한 몇 가지 경로가 있다. 첫째, 아이를 통제하고 마음대로 조종하기 위해 폭력을 행사하거나 모욕을 주지 않는다.

둘째, 아이의 필요와 욕구에 직접적인 대응은 하지 않더라도 부모가 충분히 진지하게 생각하고 있다는 것을 느끼게 한다. 예를 들어 이렇게 말해준다. "네가 친구들처럼 입고 싶어서 이 브랜드의 바지를 사주기를 바라는 건 나도 잘 알아. 하지만 바지 하나를 사자고 20만 원이 넘는 돈을 낭비하고 싶지는 않구나."

셋째, 일부 규칙들에 대해서는 범위를 벗어나지 않는 조건하에서 협상 가능성을 열어둔다. 예를 들면 이렇다. "네가 오늘 저녁에 인터넷으로 이 영화를 감상하는 것까지는 일단 오케이. 하지만 주말에 할 일이 있으니 내일 아침에는 8시에 일어나야 해."

넷째, 아이의 특수한 욕구를 수용한다. 예를 들어 어떤 아이들은 독립성을 필요로 할 것이고, 어떤 아이들은 자신들의 노력을 지원해주기를 원하며, 또 다른 아이들은 고독을 즐길 것이다. 반대로 무엇이든 누군가와 함께하기를 원하는 아이들도 있다. 아이들마다 전혀 다른 욕구를 지녔다는 사실을 명심해야 한다.

청소년에게는 특히나 부모가 인정하고 수용해야 할 특수한 욕구가 있다. 부모에게 사랑을 받는다고 느끼고, 존중받으며, 부모가 자신의 말에 귀를 기울이며 이해해준다는 느낌을 받고 싶어 한다. 그와 동시에 부모로부터 분리되고, 자신의 존재를 뚜렷이 나타내고, 독립적이고 싶어 한다.

유년기의 몇몇 욕구들은 청소년기에 변화한다. 어린아이일 때는 부모가 쓰다듬고 어루만져주는 것을 좋아했지만 사춘기가 되면 자녀와 부모 사이에 신체적 거리가 생긴다. 따라서 부모는 자녀에게 애정을 표현하기 위한 다른 방식을 찾아야 할 것이다.

아이에게도 예의를 갖추어 말하기

예를 들어 아이가 물컵을 엎질렀다고 하자. 만약 어른이 그랬다면 "왜 그렇게 조심성이 없니? 조심 좀 할 수 없어?"라고 다짜고짜 말하지 않을 것이다. 그렇다면 아이에게도 "물을 엎질렀구나. 쏟아진 물을 닦아야 하니 부엌에 가서 행주 좀 가져다줄래?"라는 식으로 말할 수 있을 것이다. '~해줄래?'와 '고마워.'와 같은 말은 상대의 존엄성을 인정하는 어휘들이다.

> 부모는 아이를 존중함으로써 아이의 부정적인 부분보다 긍정적인 부분에 집중할 수 있다. 아이에게 멍청하다든지 게으르다든지 무능하다든지 또는 실망했다고 말하기 전에 '나는 정말 이 아이가 내가 말하는 대로 되기를 바라는가?'라는 질문을 스스로에게 던져보자.

아이의 감정과 기분을 인정하기

사람은 긍정적이든 부정적이든 감정을 느끼면서 살아간다. 만약 아이들이 감정을 지속적으로 숨기거나 드러내지 못하도록 금지당한다면 풍요롭지 못한 인생을 살 것이다. 예를 들어 누군가 세상을 떠났을 때 슬픈 감정을 잘 경험하는 것은 즐거움, 기쁨, 사랑을 경험하는 것 못지않게 중요하다.

만약 "울지 마! 남자는 울지 않는 거야.", "왜 화를 내니? 화내지 마.", "무서워하지 말라니까!"라는 식으로 이 생각도 안 된다, 저 생각도 안 된다고 하거나 일부 감정이나 기분을 느끼면 안 된다고 강요한다면, 아이는 자신이 누구인지, 즉 정체성까지 부정할 수도 있다.

신경질, 분노, 행복, 성적 욕구, 두려움을 정상적으로 표현하는 것이 허용되지 않고 죄악시되면 아이는 버림받을지도 모른다는 두려움을 피하기 위해 사랑받고자 하는 욕구를 스스로 거부할 수 있다. 이처럼 아이들이 느끼는 즐거움, 고통, 분노, 공포, 기쁨, 불안, 슬픔 등을 인정하고 받아들이는 것은 중요하다. 부모는 다음과 같은 상황들을 통해 이를 실천할 수 있다.

- 아이의 감정에 빠르게 반응하면서 위로하고, 다독이고, 아이와 함께 웃는다.
- "네가 슬프다는 걸 나도 알아.", "이것 때문에 네가 기쁘다는 걸 나도 알고 있어."와 같이 아이의 감정을 말로 표현해준다.
- "꼭 만족할 필요는 없어.", "정말 재미있구나!"와 같이 아이에게 감정을 표현하도록 독려한다.
- "네가 화난 건 알겠지만, 동생을 때리지 않았으면 좋겠어."와 같이 행동을 수용하지 않는 대신 감정은 인정한다.

이처럼 자녀는 부모 마음대로 조종하는 노예가 아니라는 사실을 부모가 깨우침으로써 아이에게도 자신의 감정과 기분을 존중하도록 가르칠 수 있다.

> 부모가 감정적으로 억제되어 있으면 자녀들 역시 감정이 억눌린 경우가 많다. 이들은 '이런 감정을 드러내는 건 죄악이야.', '이렇게 감정을 나타내는 건 실례야.' 하는 식으로 종교 또는 사회적 원칙 때문에 감정을 자유롭게 표출하지 못한다.
> 학교 역시 일반적으로 아이의 감정을 환영하지 않는 곳이다. 그러나 만약 교사가 교실을 학생들의 감정이 인정받고 존중받는, 감정적으로 풍부한 분위기로 만들 수 있다면 학습 분위기 역시 눈에 띄게 좋아질 것이다.

자기 자신에 대해 알 수 있게 도와주기

우리 자신이 누구인지에 대한 자각, 행복한 삶을 살아갈 권리가 있는 온전한 개인이라는 확신은 자존감의 핵심 중 하나다. 이러한 자의식을 발달시키기 위해서는 아이가 자기 자신에 대해 먼저 알도록 해야 한다. 이를 위한 방법들은 다음과 같다.

- 아이에게 꾸준히 아이의 장점, 능력, 약점, 특징, 결점에 대해 이야기한다. 물론 결점보다는 능력을 더 강조해야 한다. 아이의 강점과 약점들이 끊임없이 발달하거나 약화된다는 사실을 명심하자.
- 아이에게 '네 행동에 대한 우리의 반응은 이렇다'라는 '인정의 신

호'를 지속적으로 보낸다. 이러한 신호를 아이에게 보내는 방법은 5장 '자존감을 높이는 실제적인 활동'(251쪽)에서 구체적으로 살펴볼 것이다.

- 아이가 도덕적 판단을 배제한 채 자신의 상태, 감정, 기분을 자각할 수 있도록 한다. 원래 아이는(가끔은 성인과 마찬가지로) 기쁨, 흥분, 분노, 원망, 사랑이라는 내면의 상태에 마냥 빠져 있으려는 경향이 있다. 그러다 '피곤해.', '화나.'와 같은 감정 상태를 스스로 깨달으면 자신과 어느 정도의 거리를 유지하고 지금의 기분을 변화시키기 위해 어떻게 행동해야 하는지 고민할 수 있다. 아이는 작고 단순한 행동 하나만으로도 순간의 기분을 바꿀 수 있다는 사실을 깨닫는다. 짜증이 나거나 화가 났을 때 걷거나 음악을 듣고 운동하는 것으로 심적 상태를 변화시킬 수 있다.

- 아이의 성장에 따라 균형 있고 정직한 방법으로 실현된 변화들을 아이에게 보여준다. 아이, 특히 청소년의 경우는 칭찬을 하면 즉각적인 반응을 보인다.

스스로의 모습을 수용하고 사랑하도록 도와주기

자녀를 사랑하고 있는 그대로의 모습을 받아들이는 것은 아주 중요하다. 마찬가지로 아이가 스스로의 모습을 있는 그대로 수용하고 사랑하도록 이끌어주는 것 또한 매우 중요하다. 자기 자신을 수용하지 않고는 자존감이 발달할 수 없다. 자신을 수용하는 것은 스스로에게 적이 되는 것을 거부하고 자신의 편이 되는 것이다. 이를 '자연적인 이기주의'라고 하는데, 이는 인간이 존재하고 살아가는 기본권이기도 하다. 아이가 자신을 받아들이지 못한다면 조화롭게 성장하기도 어려우며 삶 속에서 앞으로 나아가기도 어렵다. 아이가 있는 그대로의 자신을 받아들이고 사랑할 수 있도록 돕는 몇 가지 방식은 다음과 같다.

- 아이가 자신의 성性에 대해 만족할 수 있도록 돕는다. 성 정체성은 자존감이 건강하게 발달하기 위한 핵심 요소다.
- 아이에게 상처를 주는 비교는 삼간다.
- 아이가 어려움에 직면했을 때 스스로를 믿고 사랑할 수 있도록 돕는다. 어떤 아이들은 성공한 경우에만 자신을 사랑한다. 실패했을 때는 타인이 자신을 어떻게 판단할지 두려워하고 자기 스스로를 똑바로 바라보기를 주저한다. 만약 부모가 아이 스스로 어려움을 극복하고 분석할 수 있도록 이끌어준다면, 아이는 자신이 했던 행동들을 수용하게 된다. 수용 능력은 자존감의 중요한 열쇠다.
- 아이가 자신에 대해 긍정적인 관점을 가지도록 격려한다. 어린아이는 물론이고, 특히 청소년은 자기 자신을 비판적으로 바라보는 경향이 있다. 이는 '와우, 내가 최고야!'나 '어휴, 나는 못생겼어!'와 같이 긍정적이거나 부정적인 자기 판단으로 채워진 내적 독백을 발달시키는 것이다. 이 내적 독백 때문에 자존감이 발달하거나

반대로 손상된다. 아이에게 중요한 의미가 있는 사람들, 특히 부모와 교사들은 내적 독백에 많은 영향을 준다. 그래서 아이가 "나는 멍청해.", "나는 절대로 못할 거야."라고 선언할 때 아이의 말에 동조하지 않고 긍정적인 면을 볼 수 있도록 돕는 것이 더 중요하다. 물론 부모나 교사도 아이에게 "너는 멍청해." 또는 "너는 절대로 해낼 수 없을 거야." 등의 말은 하지 말아야 한다.

- 아이가 미래의 자기 모습을 긍정적으로 그릴 수 있도록 돕는다. 아이가 미래에 어려움과 마주했을 때 이를 잘 헤쳐 나갈 수 있도록 아이의 장점들을 강조하면서 앞날을 낙관할 수 있도록 하는 것이다. 그런데 "백수가 되지 않으려면 공부나 열심히 해!"와 같은 식으로 말하는 부모들도 상당히 많다.

청소년의 경우, 자신을 사랑하려고 마음먹기까지의 과정이 유독 어렵다. 자기 모습이 스스로가 원하는 모습과 전혀 다르기 때문이다. 아이는 계속해서 나타나는 신체 변화들 때문에 그동안 자신에 대해 가지고 있던 이미지에 혼란이 생길 것이다. 그리고 경제적 독립, 성욕 발견, 공부 방향 결정, 직업 선택, 미래 계획 등 새로 직면해야 할 사회적 역할들이 있다는 것을 깨닫는다.

비록 어른들에 비해 어설프겠지만 청소년은 스스로 세상에 맞서기도 하고, 반항도 하고, 과감하게 자신을 시험해보려고도 한다. 불안하고 불편한 단계를 그렇게 통과하면서 자신의 위치를 찾아간다. 아이가 이 번데기 과정 속에서 급격한 변화들을 모두 견디며 마침내 나비로 변신하기 전까지 부모가 아이의 자존감 발달을 위해 인내하며 돕는 시간은 결코 만만치 않다. 그럼에도 청소년에게는 아주 중요한 시기다. 이미 성인이 된 많은 사람들이 불행하게도 평생 동안 자신의 불행과 주위 사람들의 불행 때문에 이 자애심自愛心을 얻지 못한 채 살아간다.

: 외모에 대한 압박

다른 사람들이 원하는 것이 무엇인지 생각하고 시선을 의식하는 것은 '반드시' 필요하다. 특히 청소년들이 그렇다. 여덟 살쯤부터 외모를 바라보는 시각은 여자아이들의 경우 청소년기에 이르러 말 그대로 완전히 붕괴되는 반면 남자아이들은 오히려 안정적이다. 여성이 받는 외모에 대한 문화적 압박은 상상 그 이상이다. 이로 말미암아 자존감도 크게 손상된다.

자아 정체감이 가져오는 긍정적 영향

자신에 대한 총체적이고 일관적인 믿음과 느낌, 즉 자아 정체감이 아이에게 주는 긍정적 영향은 상당하다. 크게 세 가지로 정리하여 소개해보겠다.

사랑할 수 있고, 사랑받을 수 있다고 느낀다

사랑으로 인정받고 대우받은 아이는 이런 사랑의 감정을 내면화할 수 있다. 자신은 사랑받아 마땅하며 사랑받을 수 있는 존재이기 때문에 언젠가 가족이 아닌 누군가에게도 사랑받을 수 있다고 생각한다.

자기 자신과 타인을 존중한다

아이가 부모와 주위 어른들의 도움으로 진정한 자아 정체감을 발견하고, 자신의 강점과 약점들을 통해서 자신의 가치를 깨닫고, 자기 자신을 공정하게 평가할 수 있을 때 아이는 자기가 느낀 그 감정들을 다른 사람들에게도 전달할 수 있다. 비로소 타인의 가치도 인정할 줄 알게 되며 개인마다 지닌 고유한 정체성을 바탕으로 그들을 존중할 것이다. 자기 안의 재능을 발견할 수 있을 때 타인의 재능도 인정할 수 있다.

이처럼 내면의 일관성, 즉 정체성을 갖추면 다양성에 열린 마음을 가질 수 있다.

많은 성인들이 타인의 다양성을 받아들이고 존중하는 데 어려움을 겪고 있으며 이로 말미암은 문제들도 많다. 자기수용이라는 특별한 이 감정을 유년기부터 발달시켜야 하는 결정적 이유도 이 때문이다. 자기수용이 전제되었을 때 우리는 다양성을 지닌 각각의 다른 개인들도 인정하고 받아들일 수 있다.

내적 평온을 느낀다

아이가 감정을 느끼는 방식과 느끼고 싶어 하는 방식(또는 어른들이 아이에게 원하는 방식) 사이의 모순은 아이에게 많은 긴장과 불안, 그리고 스트레스를 발생시킨다. 아이의 있는 그대로를 인정하는 것은 아이에게 내적인 갈등을 피할 수 있게 하며 평온을 느끼게 해준다.

내적 평온은 지속적으로 유지되기가 어렵기 때문에 아이가 스트레스를 받는 상황에 처하면 부모가 도와주어야 한다. 등교 거부, 폭력, 따돌림 등의 학교 바깥이나 교실 내에서 겪는 스트레스들을 굳이 고려하지 않더라도 감정적 갈등, 형제자매 사이의 긴장감, 부모 간의 갈등, 또래 친구들과의 관계처럼 스트레스들도 때에 따라 그 종류가 다르다.

청소년들은 다른 그 어떤 일보다 내적 평온을 이루기가 어렵다. 그만큼 이 연령대는 스트레스에 취약하다. 사실 청소년들이 내적 평온을 경험하는 통로가 학교, 가족, 사회, 그리고 자기 자신이어야 하는데, 정작 이들로 말미암아 스트레스를 받는 경우가 너무나도 많다. 부모는 "다음 수학 시험 때문에 걱정이지?", "그 친구는 이제 안 보니? 사는 게 힘들지?", "사실 엄마랑 조금 다투었어. 너도 알겠지만 모든 부모들은 종종 싸워. 그렇다고 세상이 끝나는 건 아니란다. 우리는 다시 차분하게 이야기를 나누었고, 이제는 다 해결되었어."와 같은 식으로 이야기하며 자녀가 압박감을 느끼거나 긴장하는 원인이 무엇인지 자녀 스스로 깨달을 수 있도록 도와야 한다.

아동이나 청소년의 내적 평온은 당연히 그들의 부모가 경험했던 내적 평온과 연관되어 있다. 만약 부모가 개인적으로나 일적으로 매우 어려운 일을 경험한다면, 아이 역시 그 상황을 알게 될 것이고 그의 내적 평온에도 영향을 미친다. 우리는 이를 통해 부모와 자녀 사이가 얼마나 밀접하게 연결되어 있는지 다시금 명심해야 한다. 만약 부모의 자존감이 낮다면 아이 또한 자존감 형성 과정에서 어려움을 겪을 것이다. 그리고 부모가 내적으로 평온하지 못하다면 아이 역시 내면에 불안이 자리할 것이다. 따라서 부모는 아이가 그렇듯 자신도 '발달 중'이라는 사실을 잘 이해해야 한다. 아이 주위에는 평온하게 잘 지내는 어른들이 필요하며, 부모와 아이는 '함께' 성장해야 한다.

소속감 키우기

소속감은 안정감, 자아 정체감과 더불어 아이의 자존감 발달을 위해 가장 필요한 중심축이 되는 세 번째 감정으로, 아이가 부모, 형제자매, 친인척, 반 친구, 그 외 친구, 지인 등 다른 사람들과 관계가 형성될 때마다 계속 발달한다.

성장은 아이에게 의미가 있는 사회적 배경 안에서 이루어진다. 따라서 성장을 위해서는 배경이 되어줄 혈통, 문화, 뿌리가 필요하다. 이질 문화에 동화되지 못하고 뿌리가 없거나 뿌리가 불분명한 아이는 불안정한 느낌과 거절을 극복하기가 힘들기 때문에 자존감을 형성하는 데도 어려움이 있다.

아이는 소속감을 통해 점차 다른 사람들과 상호작용하는 자신만의 방식을 만들어나간다. 자기 자신에게 가치 있는 사람들에게 존중을 받음으로써 그들에게 중요한 사람이라는 확신을 갖고 비

로소 인정받은 기분이 든다. 이를 통해 세상을 향해 마음을 열고 다른 사람들과 상호작용할 수 있는 것이다.

청소년에게 소속감이란 정말 중요한 욕구이며, 그를 바탕으로 단체로 살아가는 것이 필요하다. 대체로 그가 속한 단체의 질이 소속감의 질을 결정하는 경우가 많다.

소속감을 키우는 실질적 방법

아이가 눈에 띄도록 돕기

'심리적 가시성'이라는 개념은 아이의 자존감 발달에서 특히 중요한 요소다. 이것은 상대가 자신을 보고 있고 이해하고 있다고 느끼는 것을 의미한다. 스스로 보이는 존재로 느끼는 것이다. 아이는 물론이고 성인에게도 필요한 감정이다. 심리 치료사들에 따르면, 가족 내에서 불가시성으로 말미암아 고통 받는 사람들이 꽤 많다고 한다. 그중에는 아이들도 포함되어 있다. 불가시성은 문제 행동을 일으키며 평생 동안 불안정감에 시달리게 할 수 있다.

부모가 아이에게 사랑과 평가, 공감, 동의, 존중을 전달할 때 아이는 가시적인 존재가 된다. 아이의 행동들을 돋보이게 하고, 행동할 때 반응하며, 어려움을 극복하게 할 때도 아이의 존재를 부각시켜야 한다. 이러한 가시성을 통해 아이는 자신과 외부 세계 사이가 일종의 끈으로 연결되어 있다고 느낀다. 그리고 자신을 둘러싼 사람들과 같은 세계 속에 살고 있다는 기분이 든다. 반대로 부모(또는 교사나 친구)가 자신을 보지 않는다고 느낄 때, 아이는 극도로 불안한 기분을 느껴 존재의 이유를 의심한다.

예를 들어 숙제를 하는 아이에게 다음과 같이 말한다고 하자. "이야, 수학 공부 하고 있었어? 꽤 어려워 보이는데 열심히 하고 있구나." 이 말은 아이의 초등학생으로서의 지위가 부모의 눈에 들어온다는 것을 나타낸다. 만약 아이가 잔뜩 신이 나서 집으로 뛰어 들어올 때 엄마가 "오늘 행복해 보이는구나!"라고 말한다면 아이는 자신의 가시성을 느낄 수 있다. 또는 "무슨 일이 있는 것 같구나. 하고 싶은 말이라도 있니?"라고 말할 때도 아이가 그 순간 무엇을 겪고 느끼고 있는지 우리 눈에 보인다는 것을 뜻한다.

가시성을 느끼게 하는 것은 그만큼 아이에게 시간을 많이 할애하며 애정을 가지고 있다는 뜻이다. 아이를 먹이고 씻기고 건강을 챙기는 등의 신체적 돌봄도 중요하다. 하지만 아이와 함께 놀거나 이야기를 나누고, 아이가 놀이를 하거나 공부할 때 모니터링을 하고, 요리나 간단한 수리 등의 집안일에 참여시키고, 아이의 일탈 행동에 대응하면서 아이를 보호하는 것도 매우 중요하다.

아이로 하여금 가시성을 느끼게 하는 것은 아이가 무엇을 잘하는지 살피고, 아이의 능력과 재능을 드러내려는 의도가 들어 있다. 이는 아이가 무슨 짓을 하든지 함부로 칭찬하라는 뜻이 아니라 아이의 장점을 특히 다른 사람들 앞에서 드러내주라는 의미다.

아이가 자기 자신을 드러낼 수 있도록 이끌어주는 구체적 방법은 5장에서 천천히 살펴보자.

아이가 가족 역사에 속해 있다는 사실을 알려주기

아이의 의식이 성장함에 따라 스스로에게 던지는 질문들 중 하나는 바로 "나의 소속은 어디지?"이다. 청소년처럼 아동은 가족 형태가 전통적 가정이든 한부모 가정이든 재혼 가정이든, 그리고 출신이 생물학적 친자든 입양이든 어떠하든지 현재 가족의 역사를 접할 필요가 있다. 자신이 가정에 속해 있다는 느낌은 아이에게 그가 태어났던 과거를 이해하고 미래를 향해 나갈 수 있게 한다. 자, 다음은 가족 역사에 소속되었다는 느낌을 발달시키기 위한 두 가지 간단한 방법이다.

- **가계도를 구체적으로 그려보기** 아이가 가계 속에서 자신의 자리

가 있음을 깨닫는 것은 매우 중요하다. 단지 이름과 성으로만 피라미드 형태의 가계도를 그리기보다, 유명한 선조들의 사진들을 찾아본다거나 그들이 살았던 장소를 지도책에서 찾아보아도 좋다. 선조들의 직업은 무엇이었는지도 알아보고, 그들을 아는 사람들을 찾아가 인터뷰를 하는 것도 좋다.

- **친척과 유대 관계 유지하기** 아이에게 사촌, 삼촌, 외삼촌, 고모, 이모 등의 확대 가족을 찾게 하고 그들과 관계를 유지하게 한다. 이것은 공통적 뿌리를 가지는 집단 내에서 자신의 자리가 어디인지 파악할 수 있게 해준다. 함께 지낼 시간이 없거나 더 많은 시간을 함께하고 싶을 때는 우편, 이메일, 영상 편지 등을 활용한다.

가정생활 활용하기

아이의 사회생활과 소속감은 당연히 가족 안에서 먼저 발달된다. 아이가 가정에서 자신감과 안정감을 느낀다면, 가족이라는 울타리를 벗어나 타인을 향해 나아가는 것이 조금 더 수월할 것이다. 다음은 이를 위한 몇 가지 방법이다.

- **가정을 타인에게 열어두기** 이는 아이에게 그의 가족이 열려 있다는 느낌을 안겨준다. 만약 부모가 집에서 친구나 직장 동료, 그럭저럭 알고 지내는 친구의 부모에 대해 긍정적으로 말한다면, 이를 통해 아이는 가족 말고도 알아야 할 재미있는 사람들이 있다는 사

실을 깨닫는다. 만약 집에 부모의 친구와 친척(삼촌, 외삼촌, 고모, 이모, 남녀 사촌 등)이 방문해 화기애애한 분위기가 조성된다면, 아이 역시 자신의 인간관계를 확장하고 싶은 마음이 들 것이다. 이와 반대로 부모가 모든 사람들에 대해 비난하거나 누군가가 집에 오겠다고 할 때마다 기분 나빠한다면, 아이도 바깥세상의 인간관계에 대해 경계할 것이다.

- **집안일 분담하기** 무엇인가를 함께하는 것은 사회적 관계를 용이하게 만든다. 가족 구성원들 간에 집안일을 분담하는 것으로, 아이는 사회적 구조 속에서 자신의 자리를 잡고 책임감을 가지며 인정받는 법을 배울 수 있다.

- **가족 의식을 수립하기** 가족 의식이란 가족의 기능, 구조, 역할, 신뢰, 태도, 이상에 속하는 가치다. 이는 안전하고 반복적으로 이루어지는 가족들만의 특별한 의식이다. 이런 의식은 가족들 간의 관계를 돈독하게 만들어주며, 아이에게는 바깥세상에서의 사회적 행동들을 시험해볼 수 있는 기회를 제공한다. 물론 가족 의식은 아이의 연령과 부모의 개방성에 따라 다양하다. 예를 들어 아이가 어릴 때는 (부모가 시간적 여유가 있을 경우) 일요일 아침마다 가족 모두가 함께하는 특별한 활동을 할 수 있다. 청소년일 때는 가족 구성원이 모두 집에 있는 날 최소한 일주일에 한 번 저녁식사를 함께할 수 있다. 맛있는 식사와 함께 오랜 시간 동안 각자가 자신의 생활과 고민들에 대해 이야기하는 것이다. 이 시간을 부모는

일방적 충고를 하고 지도를 하려는 목적으로 사용하면 안 된다.

사회생활 확장시키기

자존감과 좋은 인간관계를 만드는 능력은 관련성이 높다. 모든 만남은 아이가 다른 사람들과 조화로운 관계를 맺기 위한 기회로 사용될 수 있다.

처음에 어린아이는 부모, 형제자매에 한정하여 아주 안정적인 관계를 맺고 싶어 한다. 가족과 매우 친한 이웃 환경은 사회 학습의 첫 번째 영역이다. 하지만 아이는 또 다른 인간관계들을 다양하게 맺는 것이 필요한데, 특히 또래들과의 만남이 그렇다. 외동으로 자라는 아이들의 경우처럼 타인과의 접촉이 부족한 아이들은 특히 그렇다. 그다음에는 학교가 아이의 사회화 과정에서 주도적인 역할을 수행하는 영역이 된다.

아이가 사회생활을 확장해나가는 과정 속에서 부모는 아이에게 다른 사람들과 상호작용을 어떻게 해야 하는지 깨달을 수 있도록 돕고, 쌍방 모두 풍성한 인간관계를 만들어내기 위한 비법을 발견하도록 도와야 한다. 그러면 아이는 다음과 같이 아주 중요한 것들을 알게 된다.

- 어떤 행동들은 바람직하며, 또 다른 어떤 행동들은 바람직하지 않다는 것

- 다른 사람들에게 사랑받을 수도, 사랑받지 못할 수도 있다는 것
- 다른 사람들에게 인정받을 수도, 인정받지 못할 수도 있다는 것
- 무엇인가를 주고받는 게 재미있다는 것
- 다른 사람을 인정하고 받아들이는 것이 유익한 결과를 가져올 수 있다는 것
- 단체에 참여하고 협동하면 혼자서는 이룰 수 없는 목표를 달성할 수 있다는 것
- 기타 등등

그리고 사회생활의 규칙들도 발견할 수 있다. 이를테면 '다른 사람을 때리면 안 된다.' 같은 명백한 규칙들과 '삶은 혼자보다 둘 일 때가 더 즐겁다.' 같은 함축적인 규칙들을 깨닫게 된다. 아이는 이러한 깨달음의 과정을 통해 점차 다른 사람들과의 관계를 구축해나갈 것이다. 특히 청소년기에는 가족이 아닌 타인을 향해 열린 태도를 가져야 하는데, 그 이유는 다음과 같다.

- 청소년은 자신의 정체성을 찾기 위해서 부모(일반적으로 성인들)와 절대적으로 거리를 두어야 한다.
- 청소년 시기에는 이성의 매력에 끌리는 마음을 억제할 수 없다. 단체에 소속되면 건전한 이성 친구들을 만날 수 있는 기회를 얻을 수 있다.

- 청소년은 사회에서의 게임 규칙을 습득해야 미래에 뛰어들 수 있으며, 경제적, 성적, 개인적인 자립을 확립할 수 있다.

이 시기에 아이가 균형 있는 사회적 관계를 경험하고 계속 유지한다면 나중에 직장 생활에서도 협동과 친목을 우선시하면서 균형을 맞출 수 있을 것이며 감정적으로 얽힌 관계도 잘 풀어나갈 수 있을 것이다. 또한 나중에 자신의 욕구, 권리, 감정을 존중해주는 배우자를 찾아 본인도 마찬가지로 존중을 할 것이다. 그런데 만약 아이가 불안한 관계를 경험한다면, 훗날 직장 동료들과 배우자, 자녀들과의 관계에서도 똑같은 일이 반복될 것이다.

다음은 아이의 사회생활을 확장시킬 몇 가지 방법들이다.

- **운동이나 악기 연습** 아이가 운동을 하거나 악기를 배우는 것처럼 무언가에 열중하는 활동을 하면 유익한 점이 많다. 하지만 학교 시간표만으로도 이미 과중한 아이들에게 지나치게 보충 활동을 하라는 이야기는 아니다. 아이가 자발적으로 참여하는 것도 중요하다. 예를 들어 관현악 악기 연습(또는 합창단 입단)은 지적 발달과 감성 발달 외에도 아이가 사회생활을 하고 시민 자격에 필요한 모든 규칙들을 배울 수 있도록 한다. 다른 사람들의 행동을 존중하고 그들의 말에 귀 기울이고, 공동의 목표를 이루기 위해 함께 일하고 창작하고 필요한 규칙들을 준수하기 때문이다.

운동이 사회생활에 도움이 된다는 것 역시 이미 다 아는 사실이다. 그리고 클라이밍이나 윈드서핑 같은 스포츠는 연습을 하면 할수록 다른 사람들까지 지도할 수 있는 단계에 오를 수 있어 책임의식을 길러주기도 한다. 이 책임감은 자존감 발달을 위한 중요한 열쇠들 중 하나다.

- **청소년 운동과 협회 활동** 보이스카우트나 걸스카우트 운동 같은 전통적인 청소년 운동들의 영광의 시기는 아주 잠깐이었다. 청소년들과 부모들은 이 같은 활동에 더 이상 관심을 갖지 않지만 그때를 그리워하기도 한다. 자립성, 책임감과 리더십 습득, 단체 생활 경험, 자기 한계 극복, 연대감, 자연의 발견과 존중, 타인과의 만남, 다름에 대한 수용, 자신감 발달, 노력의 보상, 공평성, 평소에는 할 수 없는 발견, 가정으로부터의 단계적 독립 등 이런 활동을 통해 발달시킬 수 있는 자질들이 수없이 많았기 때문이다.

풍성하고 조직적인 인간관계를 추구하는 청소년은 요즘 생태학적이거나 인도주의적, 사회적인 협회나 색다르고 매력적인 커리큘럼이 있는 협회들을 찾기도 한다. 그런데 대부분의 아동과 청소년은 그들의 타고난 이기주의 때문에 이런 활동이나 협회를 적극적으로 찾아 나서지 않는다. 그렇기 때문에 부모가 먼저 본보기를 보이는 것이 결정적 역할을 할 때가 많다. 만약 부모가 협회, 사회운동 단체, 사회운동에 몸담고 있다면 아이 또한 같은 경험을 해보고 싶어 할 것이다.

어떤 아이들은 단체 생활을 하는 데 어려움을 겪는다. 그런데 자신의 시간을 가지고자 하는 자연적 욕구(자기이해지능과 관련됨)를 보이는 아이와 불안하고 충동적이고 감정 기복이 심해서 단체 생활을 힘들어 하는 아이들은 구별해야 한다.

아이가 단체 생활을 어려워하는 이유는 여러 가지가 있지만 안정감 발달과 연관된 경우가 많다. 집 안에서 지나치게 과잉보호를 받는 아이는 집 밖에 있는 것을 불안해한다. 그리고 충동적이거나 감정 기복이 심한 아이는 안정감이 부족해서 내적 평온이 없을 가능성이 크다.

아이의 우정을 지원하기

아이들 사이에서 우정이라는 것은 매우 중요한 부분이며 성인의 삶까지도 지속되는 것이다. 친구란 아이에게 정말 중요한 지위를 차지하는데, 어떤 아이는 가상의 친구를 만들어내기도 한다.

아이의 삶 속에 우정이 자리 잡을 수 있으려면 친구 집에 자러 가기, 친구들과의 생일 파티, 친구들과 함께 여행가기 등 친구들과 함께 보내는 시간들을 충족시켜 주어야 한다.

협동을 지원하기

아이는 자라면서 다른 사람들을 위해 무엇인가를 하려는 의욕과 타인을 돕는 데에서 오는 기쁨이 무엇인지 잘 알게 된다. 부모는 아이가 이러한 협동에 잘 참여할 수 있도록 도와야 한다.

협동을 잘하는 것은 학습이나 다름없다. 우선 가정 안에서 도움을 주고, 아이에게도 자발적인 도움을 유도해야 한다. 아이의 수준에 맞는 집안일들을 맡기는 것도 방법이다. 가장 어린 아이가 식탁을 치우고, 가장 나이가 많은 사람이 설거지를 하거나 자동차를 세차한다. 협동을 잘하기 위해서는 다양한 자질들을 발달시켜야 한다.

- 타인의 말에 귀를 기울일 줄 알기
- 타인과의 토론을 수용하고, 타인의 견해를 이해하려고 노력하기
- 협상을 수용하고 모든 사람들이 만족할 만한 협의점을 찾도록 노력하기
- 책임을 지고 행동하기

> **가족 간의 토론은 협동을 학습하는 데 중요한 핵심이다. 한 연구에 따르면, 토론을 많이 하는 가정의 청소년들은 자신들의 미래에 대해, 특히 인간관계에 있어서 더욱 긍정적이라고 한다.**

협상하는 법과 갈등에 대처하는 법 가르치기

다른 사람들과 함께 살거나 단체에 속하면 자연스럽게 갈등에 휘말릴 수밖에 없다. 처음으로 갈등을 경험하게 될 장소는 당연히 가족이다. 아이는 가정이라는 공간에서 다른 사람의 의견에

반대할 수도 있고, 이런 경우 발생하는 갈등을 어떻게 풀어야 할지에 대한 전략들을 배울 수 있다.

아이와 갈등이 시작되면 부모는 이를 해결할 수 있는 다양한 방법들을 구상해야 한다. 아이는 부모와 갈등을 해결했던 경험을 통해 추후에 다른 사람과 갈등이 발생했을 때 자연스럽게 적용할 수 있다.

- **회피하기** 예민하거나 불쾌감을 주는 주제 피하기, 감정적 반응 (분노) 억제하기, 마치 문제가 존재하지 않았던 것처럼 묻어두기 등과 같은 회피 방법은 특히 청소년에게 적용할 때가 많다. 하지만 관계가 틀어지지 않을 수는 있지만 문제가 근본적으로 해결되지는 않는다. 카펫 아래에 먼지를 숨기면 당장은 눈에 보이지 않지만 완전히 사라진 것은 아닌 것처럼 말이다.

- **무력화하기** 부모가 신체적이거나 정신적 힘과 공갈, 협박을 사용하는 것으로, 이기는 쪽과 지는 쪽이 존재하는 방법이다. 이런 방법은 특히 아이의 자존감을 파괴한다.

- **완화하기** 문제를 최소화하려고 시도하고, 문제가 저절로 정리되기를 바라는 방법이다. 흔히 사람들이 가장 많이 적용하는 방법이지만 정작 문제를 직면해야 하는 시간이 마냥 늦춰질 뿐이다.

- **대화와 합의 추구하기** 가장 바람직한 방법이다. 합의를 추구하는 것은 모두가 납득할 만한 해결책을 찾고자 한다는 것이다. 매우

적극적이고 평화적인 방식인데, 어느 정도는 양쪽을 모두 만족시키면서 문제를 해결하겠다는 것이다. 이 방식에는 승자도 없고 패자도 없다.

따라서 갈등을 해결하기 위해서는 대화가 가장 중요하다. 그런데 솔직히 아이와 대화를 나누는 것이 생각보다 쉽지 않다. 그 이유는 여러 가지가 있는데, 아래에서 살펴보자.

- 부모가 '대화'를 한다는 의미를 정확하게 알지 못하기 때문이다. 부모 자신들조차도 대화를 해보지 못하고 "이렇게 해야지.", "저렇게 하면 안 돼!"라는 식으로 협상의 여지가 없는 매우 엄격한 환경에서 자랐을 것이다.
- 부모는 아이에게 협상할 수 있는 것이 있고, 협상을 할 수 없는 것이 있다는 사실을 정확하게 가르쳐주어야 한다. 이를테면 잠자리에 드는 시간은 조정 가능하지만 친구를 때리는 행동을 금지한다는 사항은 협상이 불가능하다는 식이다.
- 성장 중인 아이의 의식 수준에 부모가 맞추어야 한다. 잠의 중요성, 당분 과잉 섭취 자제 같은 논거들을 억지로 이해시키려고 하면 안 된다.

부모와 자녀 사이의 대화에서 가장 중요한 핵심 중 하나는 '들을 줄 아는 것'이다. 듣는 것은 시간과 관심을 필요로 하며, 시기와 상황을 고려해야 한다. 또한 자신의 관점을 강요하지 않아야 들을 수 있다. 실제로 누군가가 나의 말에 귀 기울였다는 게 느껴지면 우리는 중요한 존재가 된 것 같은 기분이 든다. 이런 느낌이 직접적으로 영향을 미치는 것이 바로 자존감이다.

자녀의 말에 귀를 기울이다 보면 아이가 언어를 통해 분명하게 표현하지 못한 것을 해독해야 할 때가 많다.

아이의 말	숨겨진 의미
심심해.	엄마랑 같이 놀고 싶어.
자러 가기 싫어.	아빠랑 조금 더 있고 싶어.
수학 시험에서 5점 받았어.	더 이상 이런 점수를 받기 싫어. 도와줘.

어린아이의 말은 그 이면의 의미를 해석하기가 상대적으로 쉽다. 하지만 청소년으로 갈수록 점점 더 어려워진다. 청소년은 예전보다 마음을 잘 터놓지 않으며 부모가 그를 이해하지 못한다고 생각한다. 이제는 또래들끼리만 아는 특별한 기준과 은어들을 사용해 소통하기 때문에 부모들이 그 의미들을 알기란 거의 불가능하다고 보면 된다.

그런데 사실 부모가 생각하는 '대화'라는 것이 부모의 이해 방식을 강요하기 위한 도구일 때가 많다. 그래서 부모가 자녀와 대화하고 싶은 마음에 너무 성급하게 다가가면 아이는 오히려 도망하기 십상이다. 그럼에도 부모는 청소년인 자녀와 관계를 계속 유지하는 것이 정말 중요하다. 일반적으로 균형을 이루면서 관계를 유지할 수 있는 방식은 다음과 같다.

- 판단 없이, 비판 없이, 그리고 따지지 말고 자녀가 말하는 것에 진심으로 관심을 갖는다.
- 먼저 아이의 말을 듣고 난 후, 아이에 대해, 아이의 생각과 감정, 취향, 아이가 말했던 것에 대한 희망사항에 대해 이야기한다. 부모의 이해 방식을 강요하지 말고 '부모의 이익'을 위한 조언은 하지 말아야 한다.

학교 환경 안에서의 아이 생활을 지원하기

아이는 이제 가정의 틀 안에서 모든 것이 이루어지던 유아기에서 벗어나 학교라는 강렬한 사회화의 장소에 들어서게 된다. 학교라는 곳은 국어나 역사, 수학을 배우는 게 전부가 아니라 또래 친구들의 역할이 더 중요하다. 학교가 자존감 발달과 강화에 어떤 중요한 역할을 담당할 수 있는지에 대해서는 뒤에서 상세하게 살펴보도록 하겠다. 여기서는 아이의 소속감 발달을 위한 학교의 역할에 대해 알아보자.

- 아이에게는 자신이 속해 있는 학교가 곧 정체성이다.(예를 들어 자신이 다니는 중학교에 속해 있는 것을 있는 그대로 인정하는 아이가 있는 반면, 그와 정반대인 아이도 있다.)
- 학교는 학생들에게 계속적으로 공동 과제에 참여하도록 권해야 한다.
- 학교의 예술 활동이나 스포츠 활동 같은 특별활동은 그룹형 수업들이 응집력을 가질 수 있게 하며, 활동 간의 다양한 수업을 가능하게 한다.
- 학교에서 진행하는 프로젝트에 참여하게 되면 학생들끼리는 물론이고, 학생들과 성인들 간에도 협의와 대화를 할 수 있다.
- 그룹의 리더 역할을 맡게 되면 책임감을 배울 수 있다.

부모는 아이가 학교에서 제시하는 스포츠·음악·공작 활동, 사회활동 등의 교외 활동에 참여할 수 있도록 지원해야 한다. 아이는 이런 활동들을 통해 학교 사회에 대한 소속감을 더욱 강하게 느낄 수 있다.

이러한 활동은 특히 또래 친구들로 구성된 그룹을 찾고자 하는 청소년들에게 필요하다. 청소년들이 쉽게 현혹되기 쉬운 비공식 단체보다 소속 중학교나 고등학교에서 마련하는 교외 활동을 통해 또래 친구들과 함께할 수 있는 단체들을 찾는 게 좋다.

소속감의 긍정적 효과

소속감 발달은 아이에게 긍정적인 효과를 불러온다. 자존감이 높아지는 것 이외에 타인과의 관계 형성에도 도움이 되며 훗날 사회생활에서 성공을 거두는 데에도 큰 도움이 된다.

자신을 존중하기

우리가 타인과 관계를 형성하는 모습은 마치 거울을 보듯 우리 자신과의 관계를 어떻게 형성하고 있는지를 반영한다. 자신을 증오하는 사람들은 타인 역시 증오하는 경향이 있으며, 반대로 자신을 존중하는 사람들은 다른 사람들도 존중한다. 직접적으로든 간접적으로든 세상에 해를 끼치는 사람들은 자기 자신과의 관계도 사랑으로 채울 수 없다.

타인에 대한 관심

타인과 함께하는 삶은 타인과 나는 다르다는 사실을 깨닫게 해준다. 유년기에 타인과 함께하는 기회를 가지면, 청소년이 되었을 때 존중, 공감, 연민, 박애심 등의 감정이 잘 발달될 수 있다.

즐거운 교우 관계

타인과의 관계는 애정 관계 외에도 거리나 가게에서 누군가를 만나 이야기하는 것같이 즉흥적인 만남과 예정되어 있지 않은 만남, 시간을 두고 정착되어 지속적으로 유지되는 친구 관계에 이르기까지 그 모습이 다양하다. 특히 좋은 친구가 있음으로 삶이 그 무엇과도 비교할 수 없을 정도로 풍요로워진다는 사실은 몇 번을 강조해도 모자라다. 따라서 부모는 자녀가 친구들과의 우정을 잘 유지하도록 도와주어야 한다.

새로운 단체에 들어가 잘 동화되기

학교에서 새로운 반에 들어가는 것, 여름캠프나 운동 캠프, 그리고 인도주의적 프로젝트 활동에 참여하는 것, 기업에 입사하거나 새로운 부서에 들어가는 것 등 새로운 무리에 들어가는 경험은 아이는 물론이고 성인들도 평생 동안 겪어야 할 과정이다. 따라서 새로운 단체에 들어갔을 때 수줍어하거나 우월감, 공격성, 호전성을 보이지 않고 잘 동화되는 것도 필요하다.

함께 일하고 협력하는 능력

협동은 다른 사람들과 좋은 관계를 형성할 수 있도록 하는 기초가 된다. 아이가 인간관계에서 긍정적인 과정을 경험한다면 협력 또한 자연스러운 일이 된다. 그런데 요즘의 학교 문화는 의도적으로 경쟁과 개인적 성공을 부추기기 때문에 자연스러운 협동을 찾아보기가 매우 어렵다.

타인과 더불어 살면서 삶을 더 풍요롭게 만들기

인간 집단에 속함으로써 발달되는 소속감을 통해 아이는 다른 사람들이 자신의 삶을 더욱 풍요롭게 만들어주며, 그들에게서 소외되지 않는 것이 더 유익하다는 사실을 깨닫는다. 이런 삶의 자세는 아이가 사회생활을 하는 데 기초가 될 것이다.

자신감
키우기

아이들에게는 능력이 있다. 그리고 능력은 매일매일 더 늘어 간다. 성장하는 아이가 지닌 이러한 마법에 부모는 보람을 느낀 다. '자신감'은 아이가 태어나면서부터 발달하는 것이다. 아이가 균형 있게 성장할 수 있도록 이 자신감을 자극하는 것은 부모의 몫이다. 하지만 아이에게 실망감을 주거나 자존감을 상하게 할 정도의 과도한 자극은 삼가는 게 좋다.

주어진 상황에 당당하게 맞설 수 있다는 마음이 있어야 행동 할 수 있는 동기가 생기며, 애정 관계에 성실히 임하고, 책임을 지 고, 목표를 정한다. 또한 어려움이 닥쳤을 때는 인내를 갖고 극복 할 수 있는 힘이 생긴다. 이처럼 자신감은 삶의 여러 상황 속에서 기본적 역할을 한다. 우리가 곧 살펴볼 실질적 방법들이 자연스 럽게 아이들의 자신감을 발달시킬 것이다.

자신감을 키우는 실질적 방법

아이의 능력을 신뢰하기

만약 부모의 교육적 과제가 아이에게 잠재된 능력을 실현하도록 하는 것이라면, 부모는 아이를 믿고 그의 능력을 신뢰해야 한다. 이처럼 아이와 아이의 능력을 신뢰하기 위해서는 아이의 능력과 잠재력들을 현실적으로 꾸준히 재검토하면서 살펴야 한다. 아이는 빨리 변하고 빨리 배우며, 끊임없이 발달하고 향상된다.

아이가 알지 못했거나 어제는 할 수 없었던 것을 오늘은 어쩌면 할 수 있을지 모른다!

부모가 자신을 신뢰한다는 것을 아는 아이는 이러한 지지를 바탕으로 스스로도 자신의 능력을 믿기 때문에 발전할 수 있다.

> 일반적으로 어른들은 어린아이의 타고난 능력과 이해력을 과소평가하는 경향이 있다. 그래서 우리가 '성인에게 할당된' 것으로 여기는 문제들에 직면했을 때, 이 문제에 대한 일부 아이들의 질문 수준과 이해능력으로 말미암아 당황하는 일이 생긴다.

아이를 과잉보호하지 않기

아이를 신뢰한다는 것은 아이를 과잉보호하지 않고 아이가 변화할 수 있도록 돕는 것이다. 사실 부모 입장에서는 과잉보호를 하지 않기 위해 균형을 지키려면 많은 주의가 필요하다. 왜냐하면 혹여 정서적으로 상처받지는 않을지, 신체 능력과 이성적인 사유 능력에 한계는 없을지, 아이에게 닥칠 위험과 한계를 계속 주시해야 하기 때문이다.

기존의 많은 연구들에 따르면, 부모의 과보호와 아이의 낮은 자존감 사이에는 밀접한 연관이 있다고 한다. 하지만 아무렇게나 방치되어 제대로 보호받지 못한 아이들 역시 자존감이 낮은 것은 사실이다. 아이가 위험을 감수하고 목표를 달성하기 위해서는 안정감이 전제되어야 하는 것처럼, 위험과 안정이라는 모순적 균형이 항상 중요하다.

아이의 자립심을 키워주기

자립심이란 혼자서 무엇인가를 해보려고 하는 의지를 말한다. 자립심을 키우려면 아이의 연령과 수준에 맞는 책임을 단계적으로 부여해야 한다. 그리고 아이가 이룰 수 있는 목표들을 아이 스스로 결심할 수 있게 함으로써 아이의 능력을 돋보이게 해야 한다. 또한 아이가 무엇인가를 할 때 완벽하게 해내지 못하더라도 부모가 나서서 해주기보다 아이 스스로 해보려는 시도를 인정하고 받아들여야 한다. 이탈리아의 교육자 마리아 몬테소리가 했던 유명한 말이 있다.

"혼자서 할 수 있게 도와주세요."

이 말은 그의 이름을 딴 학교에서 사용한 교육 철학의 핵심이다. 자립심을 키운다는 것은 부모가 책임을 포기한다는 뜻이 아니라 아이가 스스로 할 수 있는 능력을 가지도록 주의를 기울인다는 의미다.

청소년의 경우, 자립심 추구는 유아기를 벗어나기 위한 아주 중요하고 근본적인 과정이다. 그런데 이처럼 아이가 자립심을 좇고는 있지만 유아기의 연결 고리가 여전히 그들을 붙들고 있는 것을 볼 수 있다. 한쪽으로는 부모와 아이의 환경이 결부되어 있다. 이 의존의 끈들을 점차 끊어야 한다. 다른 한쪽으로는 자유, 금기, 외딴곳을 발견하고 싶은 욕구로 안달이 나 있다. 그리고 부모는 계속 아이를 보호하고 싶어 한다. 부모에게도 어쩌면 아이가 날아오르도록 내버려두기가 어려운 과정일 수 있다. 이 어려운 과정 속에서 중요한 핵심은 다음과 같다.

- **부모와 자녀** 서로를 배제하려는 유혹을 피하면서 접촉과 대화를 유지해야 한다. 무엇을 겪고 있는지, 바라는 것이 무엇인지 계속 표현한다.
- **부모** 거리를 두고 자녀를 존중한다. 부모에 대한 무례함은 용인

하지 않되 자녀가 자신을 존중하도록 해야 한다. 그리고 자녀의 어떤 점들을 신뢰하는지 말해준다.

- **자녀** 자신의 권리를 우선시하고 부모의 기대, 희망, 소망, 염원들을 거절해야 한다. 그리고 자신이 느끼는 감정들과 행동, 행위에 가치를 부여하고 수용하며, 스스로 결정권을 갖는다.

아이가 자신을 자랑스러워하는 것을 인정하기

우리에게 주어진 목표를 이루었을 때 느끼는 감정적 보상을 자긍심이라고 한다. 자긍심은 '나는 그것을 할 수 있다고 생각해.', 그리고 '그것을 할 수 있다는 것을 나는 알고 있었어. 이것을 해내서 내가 자랑스러워.'라는 식의 두 단계의 생각 변화를 통해 이루어진다. 아이가 자기 자신을 자랑스러워할 수 있도록 부모는 다음과 같이 이끌어주어야 한다.

- **아이에게 꾸준히 성공의 기회를 주기** 예를 들어 동생의 기저귀를 갈아주기, 케이크 만들기, 힘든 여행에 참여하기, 어려운 게임을 해서 이기기 등이 있다. 조금 더 큰 청소년일 경우에도 학교에서든 스포츠나 여가 활동에서든, 친구들 무리에서든 몸담고 있는 곳에서 지속적으로 성공을 경험하지 못한다면 자존감이 건강하게 발달될 수 없다.
- **아이의 능력에 맞게 기대하기** 아이에게 현실적 기대를 하고 아이

의 능력 밖의 것은 요구하지 말아야 한다. 부모는 자신들이 바라는 아이의 모습이 아니라 있는 그대로의 모습을 수용해야 한다.

비교하지 말기

인간이라는 모든 존재는 태어날 때부터 원래 독자적이다. 형제자매나 친구, 또래 사촌들과 아이를 비교하거나 "내가 너만 할 때는 이것도 할 줄 알았고, 저것도 할 줄 알았고…."라는 식으로 부모의 어렸을 때와 비교하는 것은 아이의 인격을 망가뜨리는 지름길이며, 그 어떤 긍정적인 효과도 기대할 수 없다.

본래 어린이라는 존재는 항상 발전 중이다. 오늘은 할 수 없는 것을 몇 개월이 지난 후에는 어쩌면 할 수 있을지 모른다. 그리고 아이가 할 줄 아는 것과 그의 형제자매, 남녀 사촌들이 할 줄 아는 것이 모두 다 같을 수는 없다.

일반적으로 아이를 제물로 삼는 비교는 아이가 무엇인가를 시작하기도 전에 형제자매나 사촌들만큼 할 수 없을 거라는 두려움을 갖게 해 진짜 아무것도 할 수 없는 사람으로 만든다. 시도하지 않기 때문에 아이는 발전할 수 없고, 결국에는 시도조차 하지 못한 것을 실패로 인식한다.

아이의 능력을 좋은 성적으로만 연관 짓지 않기

청소년들이 자신의 성공과 실패를 단지 학교의 기준으로만 판단하는 경향이 있는 것처럼 아동의 경우도 그렇다. 아이는 학교 바깥에서는 예술이나 스포츠, 창작, 공작에서도 뛰어나고 사회적 관계도 좋으며 분명히 뛰어난 재능을 지니고 있어도 정작 학교에서 수학 시험 점수가 좋지 않으면 스스로를 '멍청하다'고 생각한다. 아이만의 개인적 성공을 부각시키고, 학교 성적의 무게를 상대화하는 것은 바로 부모가 할 일이다.

하지만 안타깝게도 많은 부모들이 아이의 능력과 학교 성적을 연관시키고 있는 게 현실이다. 그들은 '좋은 성적'으로만 아이의 가치를 가늠한다. 문제는 이 교육제도에 적합하지 않은 형태의 지적 능력을 가지고 그러한 학습 방식을 따르는 상당수의 아이들은 사회가 제시하는 교육제도에 적응하기 어려워한다는 것이다. 솔직히 말하면 적응을 하지 못한다. 학교에서 어려움을 겪는다고 해서 아이의 능력이 부족한 것이 아니라 단지 이러한 고정적인 제도에 대한 적응력이 부족한 것뿐이다.

아이의 학교 문제들에 직면하면 부모는 대부분 자녀에 대한 신뢰감을 유지하기 어려우며, 아이 역시 자신만의 고유 능력에 대한 자신감을 지키기가 쉽지 않다.

좋은 성적은 성인의 삶으로 들어가는 입구에서 도움이 될 수는 있다. 하지만 학교에서 학습에 어려움을 겪었던 다수의 젊은 이들이 향후 잘 살아가고 있음을 확인할 수도 있다. 그리고 흥미로운 사실은 그런 젊은이들의 부모들은 자녀가 학습적으로 어려움을 겪더라도 결국에는 자신의 삶을 잘 살아갈 것이라는 믿음을 항상 지니고 있었다는 것이다. 그리고 어린 시절 그들의 능력을 믿어주고 이끌어준 교사가 곁에 있었다는 사실이다.

아이의 성공을 과대평가하지 않고 있는 그대로 인정하고 돋보이게 하기

아이의 자신감 발달은 성공의 경험들과 밀접한 관계가 있다. 다시 말해 아이가 스스로 능력이 있고 할 수 있다고 내면 깊숙이 믿기 위해서는 성공의 경험을 자주 해야 한다는 뜻이다.

아이는 무엇인가를 성공했을 때, 그 경험을 통해 개인적으로 자부심을 느끼고 계속해서 위험을 감수하려는 의지와 욕구가 생긴다. 또한 노력 없이 쉽게 살아갈 수 있는 '안락한 현실'로부터 벗어날 힘이 생긴다. 반대로 부모나 주위 어른들이 아이의 실수나 실패만 부각시킨다면 아이는 그동안 성공했던 경험이 분명히 있었더라도 스스로를 가치 없는 존재로 여기고 만다.

청소년기는 '의심이 왕성한 시기'다. 이때에 자기 자신에 대한 신뢰감을 유지하고 자존감을 키우기 위해서는 부모가 그의 성공(학교 성적을 말하는 것이 아니다!)을 인정하고 아이가 가진 능력이 돋보이도록 반드시 노력해야 한다.

주의할 것은, 여기에서 말하는 성공이란 아이 스스로가 가치를 발견할 수 있는 것이어야 하며 아이가 자신에게 중요하다고 생각하는 경험을 통해 이루어진 것이어야 한다는 점이다.

: 성공을 돋보이게 하는 기술과 방법

좋은 성과들을 돋보이게 하는 것은 가능한 한 건설적이고 적극적으로, 그리고 즉각 이루어져야 한다. 예를 들어 당신의 큰아이가 집에 돌아와 이렇게 이야기했다고 상상해보자.

"수학 시험을 봤는데, 20점 만점에 15점 받았어요."

이 좋은 소식에 대답할 수 있는 일반적인 방법은 네 가지다.

대답 형식	대답의 특징	예
소극적이고 파괴적	• 이야기의 주제를 바꾼다. • 아이의 좋은 성과에 질투를 한다.	• 비가 올 것 같아. • 네 방 정리 좀 해.
소극적이고 건설적	• 대충 대답하고 구체적인 이야기로 들어가지 않는다. • 당신이 아이 덕분에 행복하다는 사실을 아이가 이미 알 것이라고 여긴다.	• 잘했어! • 최고! • 멋지구나!
적극적이고 파괴적	• 아이의 성과에 관심을 가지지 않는다. 관심도 없고 아무런 대답도 하지 않는다. • 아이의 성과에 질투한다. • 당신의 개인적 문제와 나쁜 경험들을 떠올린다. • 아이의 성과를 상대화해 가치를 떨어뜨린다. • 최악의 상황을 예견한다. • 자녀를 과소평가한다. • 교만과 자만심, 겸손의 필요성에 대해 설교한다.	• 이번 시험이 엄청 쉬웠나 보구나. • 그렇다고 해서 네가 백수가 되지 않을 거라는 건 아니야. • 운이 좋았겠지. • 다음 시험에도 같은 점수를 받나 보자. • 내가 네 나이 때에는 수학을 20점 만점에 18점 받았어. 최소한 이 정도는 돼야지.

적극적이고 건설적	• 아이가 자신 때문에 당신이 행복하다는 것을 느낀다. • 더 구체적으로 알고 싶어서 질문을 한다. • 진심으로 감탄한다. • 자녀의 재능을 부각시킨다. • 아이의 성과를 다른 사람들에게도 기쁘게 알린다. • 아이가 이런 성과를 이룰 충분한 자격이 있다는 사실을 강조한다.	• 이번 주에 들은 소식들 중 최고로 멋진 소식이구나! • 앞으로도 계속 이렇게 좋은 점수를 받을 거라는 느낌이 들어. • 네가 느끼기에도 스스로 참 자랑스러울 것 같구나. • 당연한 결과야. 열심히 준비를 했으니 놀랄 일도 아니지. 너는 이 정도 점수를 받을 자격이 충분해.

그런데 당신의 대답이 '적극적이고 건설적'이라는 것만으로는 충분하지 않다. 즉각적이고 자발적이기도 해야 한다. 만약 "아, 지난 금요일에 네가 수학을 20점 만점에 15점을 받았다고 했을 때 내가 네게 잘했다고 한 거 기억하지? 정말 네가 자랑스럽단다." 와 같은 식이라면, 자녀의 성과를 돋보이게 할 수 없다.

아이가 실수할 수 있다는 사실을 받아들이기

어른의 경우도 마찬가지지만 아이의 자신감은 도전과 실수 없이는 발달할 수 없다. 성공을 경험하고 자존감을 높이기 위해서 아이는 마땅히 실수를 저지를 권리를 누려야 한다. 실수하면 '처벌'을 받는 것이 아니다. 이것을 실패로 여기지 않고 다음에는 성공할 수 있는 발판으로 삼고 새로운 전략을 세울 기회로 받아들이도록 해야 한다.

안타까운 건 부모들이 마치 교사들처럼 아이가 교육제도 내에 정착되어 있는 정상 범위에서 벗어나면 그것을 실수나 실패로 여기고 지적하며 이를 들춘다는 것이다. 게다가 바로 그 정상 범주 안에서 이룬 성과는 너무 당연하게 여겨 그다지 주목하지 않는 경향이 있다.

: 완벽주의와 낙담 피하기

아동의 경우 어느 정도의 실수를 수용할까? 만약 부모나 교사가 실수에 대해 '무관용 원칙'을 고수하기 원한다면 어른들의 이런 완벽주의적 의욕 때문에 아이는 낙담하기 십상이다. 왜냐하면 완벽하려고 할수록 많은 에너지를 소모하고 심각한 스트레스를 발생시키기 때문에 아이는 원하는 목적과 완전히 반대의 상황에 놓이는 경우가 많기 때문이다. 그런데 반대로 부모나 교사가 실수를 계속 용인한다면 아이는 하는 일의 질적 수준을 굳이 높이려고 하지 않을 것이다. 여기에서도 중요한 것은 '균형'이다. 아이의 실수를 드러낼 때는 엄격함과 친절, 격려를 잘 조절하면서 적합한 균형과 방식을 찾아야 한다.

아이가 곤경에 처해 있을 때 힘이 되어주기

아이가 무엇인가를 하다가 어려움에 봉착했을 때 부모가 어떻게 반응을 하느냐에 따라 아이는 성공하기 위해 계속 시도를 해야 할지 말지를 결심한다. 자신감을 키우려면 아이는 반드시 어려움들에 직면해봐야 한다. 부모가 다음과 같이 반응한다면 아이는 어려움을 극복하지 못하고 앞으로 나가지 못할 수 있다.

- **아이를 낙담시킨다** "너에게는 너무 어려워.", "아무 소용없어."
- **아이를 배제시키고 부모가 대신 한다** "가만히 있어 봐, 내가 할게. 너는 못 해."
- **아이에게 겁을 준다** "그만! 너에게는 어렵다니까!"

다음은 아이에게 계속하겠다는 의욕을 줄 수 있는 반응이다.

- **아이에게 어떤 점이 어려운지 직접 설명하게 한다** "뭐가 잘 안 되는지 설명해줘."
- **도와줄 수 있는 적임자를 찾는다** "이건 나에게 너무 어렵구나. 옆집에 가서 여쭤보자. 아마 도움을 받을 수 있을 거야."
- **아이 스스로 해결책을 찾을 수 있도록 한다** "인터넷에서 이 문제에 대한 설명을 찾아볼 수 있지 않을까?", "이 문제와 관련된 도서들이 있는지 찾아보러 도서관에 가볼까?"

이런 과정을 지켜보다 보면 아이를 보호하고자 하는 부모의 어쩔 수 없는 근심을 발견할 때가 많다. 여기서도 마찬가지로 '균형'의 문제다. 아이가 스스로 경험하고 성과도 낼 수 있도록 하면서 위험에 노출되거나 반대로 과잉보호를 하지 않는 수준으로 아이를 지원할 수 있는 적절한 정도를 찾기가 매우 어렵다.

다음은 아이가 어려움에 직면했을 때 부모가 실질적으로 아이에게 할 수 있는 질문들이다. 취학 아동이든 미취학 아동이든 상관없다.

- **상황에 대한 이해를 방해하는 감정들을 배출하게 한다** "지금 네 기분이 어떠니?" "기분이 어때?"
- **행동의 여러 단계들을 다시 시작할 수 있게 한다** "무슨 일이 일어났니?"
- **무엇이 문제인지 명확히 보게 한다** "언제 문제가 생겼니?"
- **아이가 스스로 해결책을 찾아보고, 고안하며, 창의력을 발휘할 수 있게 한다** "다른 방법은 없을까?"
- **아이 스스로 현실적인 목표를 선택하게 한다** "중간 과정 중 어떤 것 덕분에 네 목표를 이룰 수 있었니?"
- **아이 스스로 부모에게 기대하는 도움의 수준을 정하게 한다** "어떻게 도와줄까?"

아이가 인내할 때 격려하기

아이든 어른이든 참을 줄 알아야 성공할 수 있다. 아이가 실수를 하거나 소기의 성과를 이루지 못했을 때, 부모는 아이에게 다시 한번 해보라고 권할 수 있다. 곧바로 또는 조금 후에 다시 시작해보라고 말할 수 있으며 눈높이를 조금 낮추고 다른 방법으로 해보는 것도 좋을 거라며 격려할 수 있다. 성공할 거라는 희망 없이 실패에 머물러 있는 것은 아이를 너무 주눅 들게 만든다.

분별 있고 건설적인 방식으로 비판하기

부모는 수시로 아이의 행동이나 행위에 대해 지적하고 싶은 마음이 든다. 아이의 행동과 행위들에 대한 '인정의 신호'를 어떻게 보낼 수 있는지에 대해서는 5장 '자존감을 높이는 실제적인 활동'(251쪽)에서 살펴보겠다. 아동은 물론이고 청소년은 더더욱 비판에 예민하다. 따라서 비판할 때는 다음을 주의해야 한다.

- **규범이나 정례와 관련해 이유가 있는 비판하기** "방 정리하기로 했던 거 잊지 않았지?", "네가 설거지할 차례야."
- **행위나 행동과 관련해 비판하되 인신공격은 하지 않기** "동생 때리면 안 돼."는 되지만 "왜 이렇게 못됐어?"는 안 된다. 그리고 "국어 시험공부를 열심히 안 하는 것 같네."는 되지만 "멍청한 놈!"은 안 된다.

- **균형 있게 비판하기** 아이가 하는 긍정적인 행동들을 꾸준히 칭찬해준다.

: 샌드위치 비판법

부모가 아이의 부정적인 행동을 지적해야 한다면, 아이의 긍정적인 행동들도 같이 언급해주는 것이 좋다. 그래야 비판하는 말과 칭찬하는 말의 균형을 맞출 수 있다.

- 긍정적인 면을 부각시킨다.
- 꼭 지적해야 하는 것을 비판한다.
- 마무리는 다시 긍정적인 내용으로 맺는다.

"네가 저녁 식사 준비를 도와주니 정말 고맙구나."

"방 정리하기로 했던 것도 기억하고 있지? 주말이 다 갔네."

"아, 그리고 할아버지 생신 때 네가 찍은 사진들 보니 정말 잘 나왔더라. 제일 잘 나온 사진들을 골라 인화해야겠어."

자신감의 긍정적 효과

자신감 발달은 아동과 청소년에게 많은 긍정적인 결과를 가져온다.

선택하고 결정할 수 있는 능력

자신감은 아이가 성인이 되어 직업, 삶의 방식, 애정 생활, 배우자, 지역 참여 등 성인의 삶에 깊은 영향을 미치는 선택과 결정의 순간에 직면하게 될 때 핵심 요소가 될 것이다.

미래에 대한 긍정적인 전망

아이는 자신감이 있어야 미래를 계획할 수 있다. 그리고 삶을 그저 '흘러만' 가도록 내버려두는 수동적인 자세 대신에 적극적으로 미래에 대한 비전을 세울 수 있다.

도전하기 위한 동기

자신감은 행동할 수 있도록 한다. 왜냐하면 자신의 강점과 약점, 그리고 할 수 있는 것에 대해 정확하게 알고 있기 때문이다. 또한 미래의 난관을 극복하기 위해 과거에 경험했던 성공들을 근거로 삼을 수 있다. 능력이 있다고 느끼는 것은 적절한 태도와 좋은 전략을 취할 수 있게 하며 성공의 경험을 통해 그 어떤 도전이든 시도할 수 있게 한다.

겸손한 마음과 타인을 존중하는 마음

아이는 성장하면서 자신의 진짜 가치를 깨닫게 된다. 이를 통해 자신의 모습이 아닌 것을 억지로 꾸며 나타낼 필요성을 느끼지 않을 것이며, 자신의 존재를 조금 더 뚜렷이 나타내기 위해 과장하고 싶어 하지도 않는다. 스스로에 대한 존중이 타인을 존중하는 것을 수월하게 한다.

성공 전략 세우기

행동의 결과를 정확하게 자각하는 것을 통해 자신감이 발달한다. 다시 말해 이것이 왜 잘 진행되었는지, 왜 진행되지 못했는지,

청소년기

다른 방법이 있었다면 어떤 것일까 하는 여러 질문들을 되새길 수 있게 한다는 의미다. 아이들은 이렇게 발달된 자신감을 통해 성공 전략들을 시험해본 후, 이를 더 효력 있는 전략으로 계속 발전시키고 적용해나갈 것이다.

포기할 줄 아는 능력

실패가 너무 반복되면 자존감은 떨어질 수밖에 없다. 따라서 정말 어찌할 수 없는 순간에, 너무 이르지도 늦지도 않은 적절한 순간에 포기하겠다고 결정하는 것은 오히려 포기를 성공으로 바꾸는 기회가 될 수 있다. 우리는 삶의 주인이다. 우리의 힘과 한계를 알고 있으며, 우리에게 최선이라 생각하는 것을 선택하면 된다.

목표의식과 책임감 키우기

자신감이 발달되면서 아이는 현실적으로 이룰 수 있는 목표들을 설정할 수 있다는 사실을 깨닫는다. 그리고 결심했던 바를 완수할 수 있으며 목표를 이루기 위해 계획을 세울 수 있다는 것도 깨닫게 된다. 이 과정을 통해 아이는 개인의 책임감과 자율 규제에 대해 배운다.

목표의식과 책임감을 키우는 실질적 방법

아이의 연령에 맞는 책임을 주기

아이가 성인의 연령까지 성장한다는 것은 평생 동안 수많은 책임들을 맡을 수 있다는 것이다. 책임이라는 것은 아주 어릴 때 집안일을 분담하는 것부터 시작할 수 있다. 식기를 놓는다거나 식탁을 치우고, 곧 방문하실 할아버지와 할머니를 위해 청소를 하고, 반려동물을 돌보는 일 등이다.

전前사춘기(9-12세)와 사춘기 때는 또 다른 활동들을 통해 책임감이 발달된다. 남동생 또는 여동생을 돌보는 일을 하거나 유기견 같은 동물을 돌볼 수도 있으며 연세가 많은 어르신들을 지속적으로 돕는 일을 할 수 있다. 책임을 배움으로써 아이는 아기 때의 보호 대상의 자리에서 벗어나, 해야 할 일을 하고 그것을 잘 해내는 삶의 새로운 장을 발견하게 된다.

: 책임이 아니라 비굴함을 가르치다

학교는 책임에 대해 가르치는 역할을 제대로 수행해내지 못할 때가 많다. 가르친다 하더라도 방법이 잘못되거나 수박 겉핥기인 경우가 대부분이다. 아이의 '책임'이라는 것이 오직 교사들의 명령과 지시에 복종하고 '좋은 성적'을 위한 강압에 전적으로 따르는 것이라고 한다면, 우리는 아이에게 책임이 아니라 비굴함을 가르치고 있는 것이다. 훌륭한 학습의 핵심 중 하나는 배우는 사람이 배움에 책임을 느끼는 것인데, 실제로 학교에서 학습하는 아이들은 이런 책임을 경험하는 경우가 매우 드물다.

사회적 책임을 발견하게 하기

아이는 성장함에 따라 그의 세상이 결국 부모나 형제자매에 귀착되지 않는다는 것을 깨닫는다. 다시 말해 아이가 살고 있던 작은 세계 밖에도 또 다른 세상이 펼쳐져 있다는 것을 알게 된다. 아이는 그 바깥세상에서 자신의 자리를 찾아야 하며, 그 자리에 걸맞은 책임 역시 받아들여야 한다. 그리고 집 안으로 한정되어 있던 규칙과는 또 다른 규율들을 발견할 것이다. 살고 있는 지역 안에서 이동을 할 때 필요한 안전 규칙들(길을 건널 때 손 들기), 사람을 만났을 때의 예절(이웃 아주머니에게 "안녕하세요."라고 말하기), 자연을 존중하기 위한 규율들(길에 쓰레기를 버리지 않기), 기타 행동 규칙 등이 그것이다.

이처럼 아이는 아무것이나 다 할 수 있는 것은 아니라는 것과 사회생활을 하려면 강제적으로 해야 하는 것들도 있다는 사실을 알게 된다. 아이가 이러한 사실을 받아들여야 사회 안에서 점점 더 자립적인 방식으로 행동하며 살아갈 수 있다.

협동의 유익함을 가르치기

목표를 정하고 나면 다른 사람들과 상호작용을 하거나 경쟁을 해야 할 때가 많다. 그렇다면 협동이냐 경쟁이냐의 문제에서 부모는 어떤 입장을 취해야 할까? 일반적으로 살기 위해서는 이겨야 하고 이기기 위해서는 싸워야 한다는 것이 가장 설득력 있는 주장이다. 이것이 바로 '생존 경쟁Struggle for life'이다. 싸움에서 진 사람들, 약한 사람들, 버림받은 사람들, 신체적으로나 정신적으로 불리한 사람들은 사회에서 불행할 수밖에 없다.

우리 사회는 점차 발달해가면서 오랜 시간 사회적 연대를 이루어왔지만 결국에는 타인을 위하기보다는 각자를 위한 욕망을 존중하는 쪽으로 쏠리게 된 것 같다. 그러니까 협동과 경쟁 중 어떤 삶의 태도를 취할 것이냐의 문제에서 부모의 태도는 자신들이 자녀에게 기대하는 것을 따라가느냐, 자녀가 바라는 것을 따라가느냐에 따라 결정될 것이다.

만약 아이들이 나중에 많은 돈을 벌고 권력을 얻고 유명해지고 명문학교에 들어가기를 원한다면 부모는 자녀가 잔혹한 경쟁의 길로 들어서도록 지원하는 게 당연할 것이다. 그런데 자녀가 다른 사람들을 존중하고 그저 마음 편히 살아가기를 원한다면 부모는 오히려 자녀가 자연적인 이기주의에서 벗어나 타인과 함께 협력하는 것을 즐기도록 독려할 수 있다. 과도한 경쟁은 건강한 자존감과 양립할 수 없다는 사실을 부모는 명심해야 한다.

능력을 목표와 성공으로 변화시키기

앞 장에서 자신감 발달의 중요성에 대해 살펴보았다. 자신감을 키우기 위해 아이에게는 스스로 목표를 세우고 그 목표를 이루는 경험이 필요하다. 자신감 → 목표 탐색 및 설정 → 목표 달성 → 자신감 발달, 이런 식의 긍정적 순환이 형성된다. 그런데 만약 때맞추어 성공이 이루어지지 않는다면? 무엇인가를 시작한다고 해서 모든 것을 성공하는 것이 아니기 때문에 아이들이 어려움을 겪고 실패하는 것은 너무나 당연하다. 자녀들을 위해 부모가 할 일은, 중요한 것은 목적지에 도착하는 것이 아니라 '걸어가는 길'이라는 것을 알려주면서, 절반의 성공이나 실패의 진정한 의미를 아이가 스스로 생각하고 수용할 수 있도록 하는 것이다. 인생의 즐거움은 과정이지 '이겼다'는 사실이 아니다.

그런데 사실 아이 입장에서는 이런 생각을 받아들이기가 쉽지 않다. 그만큼 이기고 지는 문화가 우리 사회에 만연해 있다. 특히 스포츠를 통해 이런 경쟁의 문화가 당연한 것처럼 되어버렸다. 아이는 목표를 향해 나아가는 그 길에서 진정으로 얻은 것이 무엇인지를 깨달아야 한다. 비록 경쟁에서는 지더라도 살아 있는 경험을 했고, 풍부한 시간을 공유했으며, 자기 자신과 다른 사람들에 대한 새로운 관점을 얻었고, 효과 없는 전략은 무엇이었는지 알 수 있는 기회를 얻었다는 사실을 깨달아야 한다.

아이가 무엇인가를 하려다가 실패했을 경우 부모가 파괴적 방식으로 대처할 때가 꽤 있다. 어떤 부모들은 이런 방식이 교육적으로 '좋다'고 생각한다. 이처럼 아이를 비난하거나 조롱하고 아예 없는 사람으로 취급하거나 벌을 주는 것은 이제 막 세워지기 시작한 아이의 자존감을 망가뜨리는 지름길이다.

아이에게 목표를 제안하고 그것을 이루도록 도와주기

부모가 아이에게 가능한 한 건설적인 역할을 하면서 제안할 수 있는 목표들은 다음과 같은 특징들을 갖추어야 한다.

- 재미있고 아이에게 의미 있을 것
- 아이가 시각적으로 확실하게 확인할 수 있을 것
- 현실적일 것
- 아이가 감당할 수 있을 정도의 시간이 필요한 목표일 것. 실질적으로 소요되는 시간이 같더라도 성인이 느끼는 시간과 아이가 느끼는 시간은 다를 수 있다. 어린아이에게 6개월이나 1년이 걸리는 목표는 큰 의미가 없다.
- 목표를 이룰 수 있는 전략들에 대해 아이가 아이디어를 낼 것. 부모가 이때 할 일은 아이가 생각해낸 아이디어를 더욱 선명하게 규

스스로 행복한 아이로 키우는 진짜 자존감

정해주는 것이다.

- 경우에 따라서는 중간 목표들을 정하고 그 목표들을 완수할 때마다 아이가 스스로 평가할 것

- 부모는 아이가 이루는 목표에 대해 긍정적 태도로 대할 것. 관심 없어 하지도 말고 파괴적 비난도 하지 말아야 한다.

- 목표를 달성하기 위해 부모는 자녀에게 적절한 지원은 하되, 자녀를 대신하거나 부모의 목표를 이루려고 해서는 안 된다.

: 인과관계의 발견

아이는 스스로 세운 목표, 그리고 성공이든 실패든 이를 이룸으로써 얻은 결과들을 통해 '이런 행동을 취하면 저런 결과를 얻는다.', '그런 태도를 취할 때 성공한다. 혹은 성공하지 못한다.', '이런 전략이 다른 전략보다 더 흥미롭다.', '사용했던 방법들이 목표를 이루는 데 더 유용하다. 혹은 그 방법들은 사용하지 않는 게 낫다.'는 식의 '인과관계'를 발견할 수 있다.

부모는 아이가 이러한 인과관계를 이해할 수 있도록 도움을 줄 수 있다. 아이가 실패하거나 성공했을 때, 어떠한 요소가 더 있어야 했는지 알려주고 아이가 얻은 결과가 하늘에서 그냥 떨어진 우연이 아니라는 것을 잘 설명해주어야 한다.

다만 아이들의 의지에 따라 달라질 수 없는 것에는 그들이 전적으로 책임질 필요가 없다는 사실을 명심해야 한다. 부모들은 청소년인 자녀의 학교 성적이 동기, 자립심, 공부 방식과 직접적인 관련이 있다고(부분적으로는 사실이기도 하다.) 쉽게 생각할 수 있지만, 사실 좋은 성적이든 나쁜 성적이든 교사들과 교육제도에 어느 정도 영향을 받을 수도 있기 때문이다.

책임에 대해 솔선수범하기

아이의 행동이 대부분 모방이라는 것은 다들 잘 아는 사실이다. 아이가 인격과 자기 자신에 대한 이미지를 다듬어가기 위해서는 살아 있는 본보기들이 필요하다. 본래 아이들은 부모의 행동 또는 모습을 보며 자랑스러워하거나 실망하기도 하면서 자신의 모습을 갖추어나간다. 가령 부모가 회사에서 책임을 다하고 목표가 주어지면 흥미를 갖고 프로젝트에 참여하는 것을 보면, 아이도 부모의 태도를 자신의 위치에 자연스럽게 적용한다. 그러면서 추진 욕구와 책임감을 키워나갈 수 있다.

이와 반대로, 부모가 의무를 다하지 않고, 분명한 목표도 없고, 이런저런 일들에 치이는 삶을 산다면, 게다가 부모나 주위 어른들의 무책임한 행동들을 아이가 계속 지켜본다면, 아이는 책임을 다해야 하는 상황에 대처하는 데 어려움을 겪으며 혼란에 빠진다. 엉망진창으로 살아가는 어른들의 모습을 보며 사는데, 아이가 어떻게 제대로 성장할 수 있겠는가? 특히 청소년은 어른들의 모순적인 말과 행동, 미덕의 부족, 어른들이 격찬하는 가치들과 실제로 보여주는 가치들 간의 차이에 민감하게 반응한다.

목표의식과 책임감의 긍정적 효과

책임과 목표를 갖게 되면 다음과 같은 긍정적인 결과들이 자연적으로 생길 수 있다.

- **자립적으로 동기 부여하기** 다시 말해 부모나 학교 등의 힘에 떠밀리지 않고 스스로 목표를 세울 수 있다.
- **자율 규제의 유익함 깨닫기** 스스로 목표를 세우고 이를 이루기 위해 실행해야 하는 규칙들 역시 스스로 세운다. 아이가 목표를 달성할 수 있도록 타인이 설득할 필요도 없고, 비위를 맞추거나 보상을 약속할 필요도 없다. 당근도, 채찍도 필요 없다.
- **행동하는 데 주도권을 갖기** 주도적으로 책임을 다하거나 계획을 세우고, 열정적으로 목표에 뛰어들 수 있다.
- **현실 감각을 배우기** 유아기 때 가졌던 가상의 꿈에서 벗어나 실현할 수 있는 목표들을 세울 수 있다. 무턱대고 비현실적이고 실현 불가능한 계획을 세우지 않는다.

- **인내하며 태도를 확고히 하기** 목표를 이루기 위해서는 원래 시간과 노력, 인내와 의연한 태도가 필요하다는 것을 이해하기 때문에, 난관에 직면했다고 곧바로 중단하지 않는다.

- **필요한 도움과 조언들을 요구하고 수용하기** 협동의 경험을 통해 온전히 혼자서는 목표를 이루기 쉽지 않으며, 필요할 때는 도움을 요청할 수 있다는 것을 알게 된다.

- **자신을 과소평가하지 않고 칭찬을 인정하고 받아들이기** 스스로 세웠던 목표들을 달성할 수 있다고 생각함으로써 성공할 수 있다는 사실을 인정하고 받아들인다.

- **'아니오'라고 말하기** 스스로 목표를 세우고 선택하면서 다른 사람들이 일방적으로 강요하는 목표와 선택들을 거부할 수 있다.

- **더 수월하게 미래로 나아가기** 청소년에서 성인의 삶으로 성공적으로 넘어가기 위해 필요한 요소들 중 하나가 바로 목표의식과 책임감이다. 청소년의 경우 자신의 선택과 목표들이 곧 성공으로 이어질 것을 확신한다면 성인의 삶에 대해서도 긍정적으로 생각할 수 있을 것이다.

- **부모들의 추진 욕구 발달** 아이의 목표의식과 책임감 발달 과정을 통해 부모 역시 자신의 추진 욕구를 충족시킬 수 있다. 부모와 아이가 함께 성장해나가는 것이다.

자, 우리는 아이들에게 건강한 자존감을 발달시키는 데 도움이 되는 다양한 감정들을 살펴보면서 이제 2장의 마무리까지 왔다. 자녀들의 자존감을 발달시킬 수 있는 기회들을 마련하려니 너무 어렵고 복잡한가? 개괄적으로 요약해보자.

- 자녀를 사랑으로 존중하고 양육한다.
- 자녀를 있는 모습 그대로(부모가 원하는 모습이 아니라) 인정하고 받아들인다.
- 자녀에게 이성적이고 적합한 환경과 규칙들을 공급한다.
- 모순적인 상황으로 자녀를 불안하게 하지 않는다.
- 자녀를 조롱거리나 복종의 대상으로 보지 않고, 자녀가 실수했을 때나 자녀를 조종하기 위해 신체적 폭력을 행하지 않는다.

만약 부모가 이것만 잘 지킨다면 아이는 건강한 자존감의 바탕을 다질 수 있는 기회를 갖게 된다. 하지만 이것들만으로 완벽한 조건이 갖추어지는 것은 아니다. 앞서 언급했던 원칙에 따라 양육되었던 것 같은 사람들도 건강하지 못한 자존감을 가진 경우가 있다. 그리고 엉터리 부모들과 함께 정말 어려운 환경에서 자랐음에도 학교생활도 잘하고 인간관계에도 문제없고, 자신의 가치와 존엄에 큰 의미를 부여하며 건강한 자존감의 모든 기준에 부합하는 사람들도 있다. 실제로 불우한 유아기를 경험한 아이들

중에 '분리 전략'이라고 부르는 특별한 생존 전략을 세우는 아이들이 있다. 이것은 현실에서 아예 손을 떼는 것이 아니라 오히려 직관적으로 직경을 측정하듯 가족과 환경의 해로운 측면으로부터 해방되는 것이다. 이 분리 전략을 잘 적용한 아이들은 어디엔가 더 나은 대안이 있다는 것을 알고 찾아낼 수 있다.

: 독이 되는 부모들

자녀의 자존감과 관련해 그 어떤 부모도 완벽할 수 없다. 일반적으로 교육에 관해서도 마찬가지다. 모든 부모들이 실수를 하고 교육적으로 서툴다. 하지만 미국의 심리학자인 수전 포워드Susan Forward의 표현에 따르면 부모들 중 일부는 '독이 되는 부모'들인데, 그들은 자녀들의 자존감을 심각하게 손상시킨다고 한다. 이런 부모들의 행동 특징은 다음과 같다.

- 우편물, 연애, 선택 강요 등 자녀와 관련된 모든 것을 통제하려고 한다. 심지어 자녀가 어른이 된 후에도 이런 행동이 이어진다. 그 결과, 아이에게는 일말의 자립심도 남지 않으며, 아이가 "다 너를 위해서야."와 같은 감정적 협박에 익숙해진다.
- 현실을 거부하며, 가족 및 지인들에게도 이를 수용하도록 강요한

스스로 행복한 아이로 키우는 진짜 자존감

다. 알코올중독임에도 누군가 지적하면 인정도, 수용도 하지 않는다. 폭력적이지만 폭력을 마치 필요한 가치처럼 여기면서 정당화한다. 정직하지 않지만 자신이 정직하지 않다는 사실을 인정하지 않는다. 실수를 하지만 늘 주위 사람들의 잘못으로 돌린다.

- 다른 사람들, 특히 자녀들을 평가절하함으로써 자신에게 더 높은 가치를 부여한다. 주로 비꼬거나 빈정거리는 방법으로 비난하고, 타인의 잘못을 낱낱이 들추며 약점과 슬럼프를 부각시킨다. 또한 다른 사람들이 어려움에 처하면 이를 곧 실패로 규정한다.

- 이런 부모들은 자녀를 신체적으로 위협한다. 아이에게 "네가 나를 고발하면 너 때문에 나는 감옥에 가게 될 거야."라는 식의 죄의식을 느끼게 하면서 공격성 발현, 신체적 위협, 육체적 폭력, 성적 학대를 가하기도 한다.

자녀의 자존감을 발달시키는 노력들은 단순히 부모가 적용할 수 있는 비법 같은 것이 아니다. 흙과 함께하는 농부는 수확량이 늘 많을 것이라고는 확신할 수 없다. 다만 땅의 상태를 최고로 준비하기 위해서 할 수 있는 데까지 최선을 다할 뿐이다.

더 많은 외부 요인들이 자녀의 자존감 발달에 영향을 줄 수 있다. 하지만 이런 외부 작용이 무엇이든 자존감은 기본적으로 개인의 자유를 회복시키는 내적이고 개인적인 과정이라는 점을 잊지 말아야 한다. 우리의 자존감에 대한 책임은 우리에게 있다.

3장

부모를 위한
자존감

성인의 자존감

앞서 우리는 아이의 자존감을 바로 세우기 위해 필요한 여러 가지 감정들에 대해 살펴보았다.

- 안정감
- 자아 정체감
- 소속감
- 자신감
- 목표의식과 책임감

성인의 시기에 이르러 이 감정들은 평생 동안 자존감 발달을 도울 핵심 요소들로 변환된다.

성인의 자존감을 위한 핵심 요소

연구에 따르면[*] 성인의 자존감은 여섯 가지의 핵심 요소들로 귀결된다고 한다.

- 현재의 삶을 의식하며 살기
- 자기 자신을 받아들이기
- 책임을 받아들이기
- 개인적 확신감 발달시키기
- 목적의식을 가지고 살기
- 자신이 주체가 되는 삶을 살기

현재의 삶을 의식하며 살기

철학적이고 영적인 전통들을 살펴보다 보면, 대부분의 인간은 살아 있는 동안 마치 최면술에 걸린 것처럼, 무엇을 경험하는지 분명하게 의식하지 못한 채 정신적으로 몽롱한 상태로 살아간다고 한다.

---

[*] 특히 너새니얼 브랜든(Nathaniel Branden)의 책을 참고하라. 이 책 끝에 참고 문헌이 있다.

의식하며 산다는 것은 지능의 문제가 아니다. 우리의 능력이 무엇이든 그 능력을 최선을 다해 발휘하면서 우리가 본 것과 아는 것에 어긋나지 않도록 살아간다는 것을 의미한다. 다시 말해 외적 세계의 현실만큼 욕구, 욕망, 감정 같은 내면의 실재들도 수용하면서, 우리의 모든 행동에 주의를 기울이고 우리의 목적과 가치에 대해서도 분명하게 알기 위해 탐구하는 것을 뜻한다.

우리가 의식하며 살아가도록 도움을 줄 수 있는 실질적 방법들은 다음과 같다.

- **자신이 무엇을 하는지 주의를 기울이기** 길을 걸어가거나 고객의 불만을 듣거나 요리를 하거나 자동차를 운전하거나 아이와 함께 노는 등의 모든 행동에 주의를 기울이는 것이다.
- **하나의 사실을 해석과 감정으로 식별하기** 하나의 사실(아이가 원래 오는 시간에 학교에서 돌아오지 않았다.)은 해석(아이에게 안 좋은 일이 생겼다.)과 감정(최악의 상황을 상상한다.)으로 변화할 수 있다.
- **잘못을 저지를 수 있다는 사실을 받아들이기** 우리가 가진 공정함은 진실을 구별해내기 위함이지, 우리가 항상 옳다고 생각하기 위한 것이 아님을 깨달아야 한다. 우리는 언제든 착각할 수 있고, 그릇된 생각을 할 수 있으며, 실수할 수도 있다. 하지만 이를 인정하면 여러 실수들을 통해 앞으로 더 나아갈 수 있다.

- **스스로를 심판하지 않고 관찰하는 법 배우기** 외부에서 관찰하듯 거리를 두고 우리 자신을 바라볼 줄 알아야 한다. 그러면 우리를 움직이게 하는 것이 무엇인지 잘 이해할 수 있다. 그리고 지치거나 화가 나고 즐겁고 질투가 날 때 감정에 끌려 다니지 않기 위해 우리의 상태를 객관적으로 바라볼 수 있다.

- **자기이해능력 기르기** 우리 자신이 일하는 방식, 우리 자신의 강점과 약점들, 욕구, 감정, 열망에 대해 알면 우리는 자신을 낯설어하거나 불확실성에 갇히지 않는다.

- **어려움과 실패를 통해 교훈 얻기** 난관에 직면하거나 실패를 경험했다면 그 원인을 찾아 자신의 책임에 대해 가늠하고 그에 상응하도록 행동을 수정하는 것이 중요하다.

- **새로운 것에 대한 호기심과 열린 사고를 유지하기** 새로운 것을 자주 찾아 배우려고 하면 더 조화롭게 지낼 수 있다. 20년 전에 일반적으로 진리로 인정되었던 이론들 중 일부가 현재에 처음부터 재검토되는 경우가 종종 있다. 따라서 20년 전의 사실만을 가지고 살아간다면 우리는 잘못된 사고방식에 갇힐 수밖에 없다.

- **우리를 인도하고 움직이는 가치들이 무엇인지 깨닫기** 우리가 생각 없이, 검토해보지도 못하고 채택했던 가치들(유아기에 부모가 강요했던 가치들)에 끌려 다니지 않으려면 이들의 근원이 무엇인지 제대로 파악해야 한다. 예를 들어 일반적으로 남자는 소득 수준으로 개인적 가치를 결정짓도록 교육받을 수 있으며, 여자는 배

우자와 자신의 가치를 동일시하도록 교육받을 수 있다.

- **일관성 있게 살기** 우리의 바람과 목표 사이에 일관성이 부족하다면 그 사실을 정확하게 알아차릴 수 있어야 한다. 예를 들어 우리는 신체적 건강을 개선하고 싶어 하지만 실제로는 이를 위해 구체적으로 아무것도 실천하지 않을 때가 있다. 일관성이 없다면 우리의 행동이든 목표든 다시 검토해보아야 한다.

: 자각하는 삶과 가상 세계

비디오게임이나 TV 드라마, 영화 등의 가상 세계를 중독될 위험이 있을 정도로 너무 많이 접하다 보면, 현실을 배척하거나 자각하며 살아가기를 거부할 수 있으며, 건강한 자존감에도 걸림돌이될 수 있다.

자기 자신을 받아들이기

자기 자신을 받아들이지 않으면 자존감을 세울 수 없다. 자기 자신을 받아들인다는 것은 재능과 결점, 강점과 약점, 불리한 점과 능력으로 존재하고, 삶의 기본권을 기반으로 한 일종의 자연적 이기주의다.

그런데 스스로를 받아들인다는 것을 우리의 행위와 행동들을 모두 허가하고 정당화한다는 의미로 받아들일 수도 있다. 하지만 "너무 화가 나서 너를 때린 거야. 나는 원래 그런 사람이야."라고 말하는 것과, 자신의 잘못에 대해 인정하고 앞으로 변하겠다는 의지를 가지고 "내가 폭력적이라는 걸 나도 알아."라고 말하는 것은 결코 같을 수 없다.

자존감의 첫 번째 핵심 요소인 '의식하며 살기'와 '자기 자신을 받아들이기'는 변화하기 위한 필수 조건들이다. 이 책을 읽으면서 여러분은 어쩌면 '나는 자존감이 낮은 사람이야. 좋은 부모가 될 수 없을 거야.'라고 자신을 판단할지 모르겠다. 하지만 도덕적 판단 없이 여러분을 있는 그대로 받아들여야 한다. 그래야 변화하고 바뀔 수 있다. 자기 자신을 수용하기 위한 실질적 방법들은 다음과 같다.

- 신체적 특징, 남자 또는 여자라는 사실, 자신의 신체를 그대로 받아들인다.
- 비록 우리가 생각하는 '좋은 감정'에 부합하지 않더라도 자신의 감정을 받아들인다. 예를 들어 화가 나거나 질투가 생겼을 때 이런 감정을 사실로 인정하면 자신의 감정과 객관적 거리를 두고 감정을 긍정적인 방향으로 변화시킬 수 있다.

- 두려움과 공포를 받아들이고, 그 근원이 무엇인지 이해하려고 시도한다.
- 자신의 무지, 한계, 약점들을 받아들인다.
- 강점, 재능, 능력들을 과대평가하지 않고 적정 수준에서 인정한다.
- 다른 사람들과 친분을 맺는 어려움을 받아들이고, 그 근원이 무엇인지 이해하려고 시도한다.
- 사랑받고 싶은 욕구를 자연스러운 욕구로 받아들인다.
- 자신의 성性을 인정하고, 남성으로 또는 여성으로 살아가는 어려움, 기쁨, 즐거움을 받아들인다.
- 행복한 순간과 기쁨의 순간을 자제하거나 최소화하려고 하지 않고, 이런 순간이 영원하지 않을 것이라는 아쉬움에 사로잡히지 않도록 한다.
- 자신의 정신적 상태를 받아들인다.

: 타인을 받아들이기

타인을 받아들이는 것은 자기 자신을 받아들인 것에 대한 당연한 결과다. 다시 말해 우리가 자신을 받아들이지 않는다면 타인을 받아들이기가 매우 어렵다. 다른 사람들도 우리처럼 독자적인 존재라는 것을 받아들이지 않고, 다른 사람들이 자신을 존중해주기를 바라는 만큼 그들을 존중해야 한다는 것을 받아들이지 않는다면 그들이 독자적인 존재라는 사실도 받아들이기가 정말 어렵다. 게다가 우리는 가능한 한 최선을 다해 함께 살아야 하는 사회 속에서 살고 있다. 다른 사람들을 거부하면 우리는 우리만의 내면세계에 갇히고, 그 결과 자존감의 성장은 더욱 어려워진다.

책임을 받아들이기

스스로 유능하고 행복할 수 있다고 느끼려면, 자신의 인생을 통제하고 자신의 행위와 스스로 세운 목표들에 책임을 질 수 있다고 느껴야 한다. 책임감은 자존감을 위해 절대적으로 필요한 것이기도 하지만, 자존감의 결과이고 표명이기도 하다. 우리 자신의 삶을 우리 손 안에 쥐고 있다는 사실을 받아들여야 한다.

다음은 책임감을 받아들이기 위한 실질적 방법들이다.

- 신체적 건강 개선과 같이 꼭 의무적일 필요는 없는 개인적인 목표들을 스스로 규정한다.
- 직업이나 친구, 배우자, 직장 생활과 개인의 삶 간의 균형 같은 자신의 선택과 행동들에 대해 책임감을 가진다.
- 우리 자신을 살아가게 하는 가치들을 수용하거나 자유롭게 선택

스스로 행복한 아이로 키우는 진짜 자존감

한다. 여기서 말하는 가치란 유아기에 부모가 우리에게 전수하고 주입하거나 강요한 것들과 같을 필요는 없으며 사회가 전달한 것일 필요도 없다.

- 동료, 고객, 배우자, 자녀, 친구 등 다른 사람들에 대한 행실과 행동에 책임감을 가진다.
- 자신의 실수를 인정하며 그 결과를 받아들이고 바로잡는다.
- 삶의 모든 측면에 대해 우리 자신이 가지고 있는 의식 수준에 책임감을 가진다.

책임을 받아들이는 사람과 책임을 받아들이지 않는 사람 간의 차이를 관찰하는 것은 비교적 쉽다. 문제가 생겼을 때 책임을 받아들이는 사람들은 '내가 무엇을 할 수 있을까?', '내가 무슨 행동을 취할 수 있을까?'와 같은 질문들을 스스로에게 던진다. 만약 어떤 일이 잘 진행되지 않았을 때도 '내가 왜 실수를 했을까?', '이 상황을 어떻게 바로잡을 수 있을까?' 하고 생각한다.

그런데 책임을 받아들이지 않는 사람들은 '이건 운명이야, 내가 할 수 있는 게 아무것도 없어', '이런 게 인생이지!', '이건 내 문제가 아니야.', '이건 누구누구의 탓인걸…', '나는 명령에 따랐을 뿐이야.', '나는 그것을 하라고 말한 사람이 없어서 안 한 거야.'라고 생각한다.

개인적 확신감 발달시키기

우리는 유아기에 타인이 원하는 것이 중요하다고 이해를 강요받았다. 성인이 되어서도 우리는 마찬가지다. 그러나 우리가 원하는 것, 우리에게 동기를 부여하거나 우리가 온 힘을 쏟는 것이 무엇인지 확인하면 자신의 의지가 아닌 타인의 의지에 복종하는 것에 의문을 제기하게 된다. 이는 스스로 깨닫고 용기를 내야 할 문제다. 반대로, 다른 사람들이 원하는 것을 수용하고 자신을 희생하는 것은 훨씬 쉽다. 하지만 자존감은 발달하지 않는다. 이처럼 매일 개인적 확신감을 느끼는 것은 자신의 가치와 욕구를 솔직하게 수용하며 살아가는 것을 의미한다. 이 확신감의 반대는 다른 가치를 가진 사람과의 대면을 피하거나 타인의 가치를 자신의 행동에 투영하는 것이다.

: 자기표현력, 또는 적합한 균형을 찾는 기술

자기표현력이란 자기 자신을 표현하는 능력이며, 다른 사람의 권리를 침해하지 않으면서 자신의 권리를 지킬 수 있는 능력을 말한다. 이는 공격성이나 수동적인 수용을 거부하고 '자기 확신'에 따라 적합한 균형을 찾는 기술이기도 하다.

개인적인 확신감을 균형 있게 발달시키기 위한 실질적 방법들은 다음과 같다.

- **있는 그대로 존재할 권리를 표현하고 실천하기** 우리의 삶은 다른 사람들에게 속한 것이 아니며 타인의 기대에 부응하려고 살아서도 안 된다.
- **진솔하게 살기** 자신의 감정, 욕구, 신체적 특징("나는 키가 작아. 내 키가 작다는 것을 인정하고 받아들일 거야."), 성性("나는 여자야. 여성으로서의 삶을 살지."), 성 정체성("나는 동성애자야. 나는 이 사실을 숨기지 않아."), 종교("나는 불교도야. 나는 불교도로서의 삶을 살아."), 살아가는 방식("나는 고기를 먹는 게 너무 좋아.") 등 자신의 모습 그대로를 솔직하게 받아들여야 한다. 단, 이를 다른 사람에게 강요하거나 설득하려고 하지 않는다.
- **자신의 가치와 선택, 신념을 숨김없이 표현하기** 최신 기술을 좋아한다거나 '행복한 절제'를 실천하려고 애쓰며, 소비를 거부하고, SNS에서 활발히 활동하고, 진보주의자가 되는 등의 자신의 가치와 신념을 자유롭게 표현한다. 단, 이를 다른 사람에게 강요하거나 설득하려고 하지 않는다.

그런데 개인적 확신감이 발달한다고 해서 우리 자신의 모든 행동이 정당화될 수는 없다. 개인적 확신감은 사회생활과 이를 관리하는 규칙들이 수용 가능한 범위 안에 있어야 한다.

또한 개인적 확신감은 상황에 따라 달리 표현되어야 한다. 아이와 함께 놀 때와 운영 회의 중일 때에 같은 방식으로 표현되지 않는다. 다시 말해 모든 상황에서 차이를 존중하면서 진짜 자기 모습을 유지하는 것이 중요하다.

목적의식을 가지고 살기

스스로 목적을 세우지 않고 인생을 사는 것은 마치 뜻밖의 사건, 전화 한 통, 우연한 만남처럼 그저 운에 따라 되는 대로 사는 것이나 마찬가지다. 우리 자신을 물 위에 떠 있는 코르크 마개처럼 개인적인 결정권도 없이 우왕좌왕하게 만드는 외부의 힘 때문에 우리는 자신이 규정하지도 않고 선택하지도 않은 길을 목적 없이 따라가게 된다.

목적의식을 가지고 산다는 것은 우리 자신의 삶을 직접 지휘하기 위해 우리의 능력을 사용하는 것이다.

- 우선 공부를 하고, 직업을 가지고, 가정을 만들고, 자녀를 키우고, 직장에서 성공하고, 과학 문제를 풀고, 집을 사고, 애정 관계에서도 성공하는 등 우리가 선택했던 목표들을 이루기 위해서 목적의

식을 가져야 한다.

- 뜻밖의 사건, 우연한 만남, 예상치 않았던 전화 한 통을 그저 운이 아니라 삶을 더욱 풍성하게 만들어줄 최고의 기회로 이용하기 위해서는 목적의식이 필요하다.

목적의식을 가지고 살기 위한 실질적 방법은 다음과 같다.

자율 규제 능력 키우기

자율 규제 능력이란 목표를 이루기 위해 우리의 행실과 행동들을 스스로 체계화하는 능력이다. 예를 들어 만약 일적으로 성공하기를 원한다면 그에 적합한 수준으로 일을 해야 한다는 사실을 받아들여야 한다. 그리고 청소년이 의사나 목수가 되고 싶다면, 학교나 작업실을 착실히 다녀야 한다.

미래에 집중할 수 있는 능력을 발달시키기

먼 미래의 목표를 위해 당장의 욕구 충족을 미룰 수 있어야 한다. 목표에 집중하기 위해 우리는 스스로에게 다음과 같은 질문들을 던져볼 수 있다.

- 5년, 10년, 20년 뒤에 나는 무엇이 되고 싶은가?
- 나는 직업적으로 무엇을 실현하고 싶은가?

- 개인적 인간관계를 확장하기 위해 무엇을 하고 싶은가?
- 나는 나의 애정 생활을 어떻게 보는가? 만약 결혼을 하고 싶다면, 그 이유는 무엇인가?
- 자녀들과 관련해 나의 목표는 무엇인가? 무엇보다 아이들이 명랑하게 성장하는 것이 중요한가? 아니면 학업 성적에서 두각을 나타내는 것이 중요한가?
- 만약 내게 지적이고 정신적인 열망이 있다면, 무엇인가?
- 나의 목표들은 명확한가? 아니면 애매모호하고 규정하기가 어려운가?

목표와 일관성이 있도록 행동하기

만약 우리 자신의 행동과 행실들이 목표와 모순되어 있다면 목표를 이루려고 아무리 서둘러봤자 소용이 없다. 예를 들어 훈련을 하지 않고 제대로 건강 관리를 하지 않은 상태에서는 마라톤을 할 수 없는 것처럼 말이다. 그리고 자기만의 세계나 자신의 일에만 갇혀 있으면 사회적이거나 이성적인 인간관계를 풍요롭게 만들지 못하는 것도 마찬가지다.

행동의 결과들을 자각하기

우리 자신의 행동이 우리가 가고 싶은 곳을 향해 나아가도록 이끌어주는지 알기 위해서는 행동의 결과들을 자각해야 한다.

목표를 달성하는 것은 무엇보다 시간 속에서 전개되는 과정, 즉 역사다. 따라서 목표를 이루기 위해서는 우리 자신이 적합한 길 위에 있는지, 정말 원하는 올바른 길 위에 있는지를 자각하는 것이 매우 중요하다.

목표를 구체화하기

다음과 같은 질문들을 통해 목표를 구체화할 수 있다.

- 나는 무엇을 실현하려고 했는가? 이러한 행동에는 어떤 목적이 있는가?
- 이것을 실현하기 위해서 나는 어떻게 행동해야 하는가? 어떤 행동들이 필요한가?
- 이런 행동 방식이 적합한 이유는 무엇인가?
- 나의 결정, 목표와 관련해 주위에서는 어떤 의견들이 있는가?
- 삶에서 이 목표를 실현하기 위해서는 나에게 어떤 추가 정보들이 필요한가?
- 중간 목표들로 세울 수 있는 것들이 있는가?
- 나의 현재 목표들은 재고해봐야 하는가?

여기서 명심해야 할 것은 목표를 이루는 것이 아니라 목표를 이룰 수 있도록 이끌어주는 내면의 과정이 더 중요하다는 것이다. 어쩌면 우리 자신이 세웠던 목표들 중 일부는 이루지 못할 수도 있다. 하지만 우리의 목표를 이루기 위한 내면의 과정들은 설사 우리가 목표를 이루지 못한다 할지라도 우리를 계속 앞으로 나아가게 만든다.

미래를 계획할 때 목표를 달성하기 위해 당장의 욕구를 충족시키기보다 미루어두는 것이 얼마나 중요한지를 깨닫고, 목표를 이루기 위해서 시간과 인내가 필요함을 이해한다는 것은 정말 중요하다. 하지만 순간의 쾌락과 충동적 소비를 중시하는 시대에서는 결코 쉬운 일이 아니다. 부모나 교사 역시 스스로 이를 경험하면서 아이들에게도 꼭 가르쳐야 한다.

자기 자신이 주체가 되는 삶을 살기

온전한 자신의 삶을 산다는 것은 우리 자신에게 솔직한 삶을 사는 것을 의미한다. 다시 말해 자신이 누구인지에 대한 정체성 문제, 자신의 가치들, 자신의 신념과 확신대로 행동하는 삶을 말하는 것이다.

만약 우리 자신이 하는 행동과 우리가 생각하거나 믿는 것이 일치하지 않고 내적 갈등이 일어난다면, 우리는 스스로에게 신뢰를 잃게 되고 자기 자신을 존중할 수도 없게 된다. 결과적으로 자존감이 낮아질 수밖에 없다.

온전한 자기 자신으로 산다는 것은 누구나 알지만 실천하기가 어려울 때가 많다. 그만큼 우리는 우리의 가치와 행동 사이에서 수없이 많은 타협들을 한다.

"내가 원하지 않는 것을 나는 하고 있어. 그리고 정작 내가 원하는 것을 나는 하지 않아."

온전한 자기 자신으로 살아가지 못할 때 나타나는 결과 중 하나가 바로 위선인데, 이는 현대사회에 너무 만연하다. 다음은 집이나 일상생활 속에서 겪을 수 있는 위선의 몇 가지 예들이다.

- 나는 자녀들에게 정직에 대해 장광설을 늘어놓지만 친구들, 이웃들, 세무서 담당자에게 거짓말을 한다.
- 사람들이 약속을 지키지 않을 때(예를 들어 정치인들의 경우) 나는 분노하지만 내가 약속을 지키지 않는 일도 일어난다.
- 나는 이미 결정을 내려놓은 사안이지만 동료들이 아이디어를 내면 흥미롭다고 말한다.
- 나는 주변에 지나가는 이런 남자, 저런 여자에게 관심이 많으면서도 변함없이 배우자를 사랑한다고 확신한다.
- 나는 정직한 피드백을 요구하지만 내 의견을 비판했던 직원에게 불이익을 준다.
- 나는 어려운 시기에 다른 직원들에게는 희생을 요구하면서도 나

에게는 엄청난 보너스를 부여한다.

일반적으로 우리는 위선을 정당화하는 데 너무 익숙하며 변명이 필요하면 그 또한 수월하게 만들어낸다. 하지만 위선적으로 행동할수록 자신에게도 솔직하지 못하기 때문에 자존감 역시 낮아진다.

위선을 버리고 온전한 자신으로 살아가는 마음을 기르고 싶을 때 자기 자신에게 던질 수 있는 몇 가지 질문들은 다음과 같다.

- 온전한 나 자신으로 살기 어려운 이유는 무엇인가?
- 나는 정직한가? 또는 나는 누구와 함께 있을 때 정직하고, 누구와 함께 있을 때 정직하지 못한가?
- 온전한 내 자신이 되기 힘들어 보이는 부분은 어디인가? 그 이유는 무엇인가?
- 좀 더 온전한 내 자신이 되어야 할 필요가 있는 부분은 어디인가?
- 나는 신뢰할 수 있는 사람인가? 나는 약속을 잘 지키는가?
- 내가 말하는 것을 나는 수행하는가?
- 나는 거짓말을 자주 하는가?
- 나는 다른 사람들에 대해 공정한가?
- 다른 사람에게 했던 실수에 대해 나는 책임감을 느끼고 있는가?

물론 온전한 자기 자신으로 산다고 해서 언제나 최선의 선택을 하는 것은 아니다. 하지만 정말로 중요한 것은 우리의 선택은 진정하고 의식적이고 마음속 깊은 욕망과 연결되어 있다는 것이다.

온전한 자기 자신이 되려고 하지만 어려운 선택을 해야 하는 순간이 있을 수 있다. 예를 들어서 정당하다고 생각하는 것을 말로는 하지만 행동으로 옮기지 못할 때, 마음속 깊은 확신과 일치하는 대안이 없을 때, 종교적인 신념과 실제로 해야 하는 선택이 일치하지 않을 때 그러하다.

온전한 자기 자신으로 사는 것은 자존감을 이루는 요소이며, 자존감의 표현이기도 하다. 자존감이 큰 사람은 온전한 자기 자신으로 사는 사람이다.

이제 좀 더 멀리 가보자. 어른이 되어 우리는 어떤 일상을 살고 있는가? 우리 아이에게 발달되길 바라는 자존감이 우리의 삶 속에서는 어떻게 자리하고 있는가? 한번 솔직하고 따뜻하게 들여다보자. 내일 더 큰 자존감을 얻겠다는 핑계로 오늘의 자존감을 희생하지 말자!

매일매일
자존감 체험하기

우리는 이미 성인이 되었기 때문에 자신의 지난 이야기들을 부정할 수 없다. 그리고 다른 배경과 문화 속에서 다른 부모와 함께 또 다른 유아기를 살아볼 수도 없다. 하지만 스스로에게 '내 자존감의 수준을 지금보다 높이고 건강하게 유지하기 위해서 오늘 날 무엇을 할 수 있을까?'라는 질문은 해볼 수 있다. 왜냐하면 자존감은 절대로 고정적인 것이 아니며 평생 동안 계속 형성되어가거나 또는 손상되기도 하기 때문이다.

일상생활 속에서 매일 자존감을 체험하는 것이 중요한 이유는 두 가지다.

- 우리 자신을 위해서다. 우리의 삶을 더욱 풍성하게 하고, 의식하며 살고, '인간답게' 살기 위해서다.

• 우리의 자녀들을 위해서다. 부모의 자존감은 평생 동안 자녀들의 삶에 큰 영향을 미치기 때문에 부모 또한 스스로의 자존감이 발달하도록 도와야 한다. 그러기 위해 자녀에게 전달하고 싶은 게 있다면 우리가 먼저 시도해보아야 한다. 다음의 짤막한 이야기를 읽으면 무슨 말인지 더 이해가 될 것이다.

: 도사와 어린이

인도에서는 자녀에게 문제가 생기면 심리 치료사를 만나기가 어렵기 때문에 집 근처에 있는 도사를 찾아간다. 어느 작은 마을에 지혜롭기로 명성을 떨치던 도사가 있었다. 도사의 지혜 덕분에 부모와 자녀의 관계가 좋아지는 경우도 꽤 많았다.

어느 날, 한 아버지와 어머니가 아홉 살짜리 어린 아들을 데리고 도사를 찾아왔다. 아버지가 도사에게 말했다.

"도사님, 우리 아들은 정말 멋진 아이예요. 우리는 아들을 정말 사랑하죠. 그런데 심각한 문제가 한 가지 있습니다. 아들은 사탕을 너무 많이 먹어요. 치아에도 안 좋고 건강에도 안 좋은데 말이죠. 아들에게 설명도 해봤고, 설득도 해봤어요. 그리고 벌을 주기도 했죠. 그런데 아무 소용이 없었어요. 계속 어마어마한 양의 사탕을 먹는답니다. 도사님께서 우리를 도와주실 수 있나요?"

부모에게 돌아온 도사의 대답은 예상과는 다르게 너무 단순했다.

"2주 후에 다시 오세요."

도사에게 더 이상 캐물을 수 없어서 부모는 집으로 돌아왔다. 그리고 2주 뒤 부모는 아들과 함께 다시 도사를 찾았다. 그러자 도사는 아이에게 말했다.

"애야, 사탕을 먹는 양을 전보다 줄여야 한단다."

아버지는 놀라 도사에게 물었다.

"도사님, 2주 전에 우리가 처음 도사님을 찾아왔을 때는 왜 우리 아이에게 그렇게 말해주지 않으셨나요?"

도사가 대답했다.

"나 역시 사탕을 아주 많이 먹거든요. 먼저 이 개인적 문제를 해결해보기 위해서는 2주라는 시간이 필요했답니다. 아드님에게 조언을 하기 전에 나부터 덜 먹을 수 있어야 했으니까요."

자신의 유아기를 되돌아보기

심리 치료사들에 따르면, 환자들이 진료실에서 털어놓는 대부분의 문제의 원인은 유아기와 청소년기에 손상된 자존감에서 찾아볼 수 있다고 한다. 성인이 되기 전에 받았던 교육은 우리에게 최고의 역할을 할 수도, 최악의 역할을 할 수도 있다. 또한 우리

는 그 교육 덕분에 조화롭게 성장할 수도 있으며, 반대로 그 교육 때문에 망가질 수도 있다. 타인과 자기 자신을 존중하는 법을 배우고, 사회의 규칙들을 거부감 없이 따르고, 보편적 가치들을 기반으로 삶을 꾸려나가며, 정체성을 강하고 견고하게 발달시킬 수 있다. 또는 모호한 가치들을 기준으로 한 권위주의와 체벌, 감정적 협박의 희생자가 될 수도 있다.

다음은 자존감 발달과 관련이 있는 당신만의 유아기로 돌아가보기 위한 몇 가지 질문들이다. 이 활동은 약간 '즉흥적인 정신분석'일 수 있으니 너무 심각하게 임하기보다 가벼운 마음으로 실행해보는 게 좋겠다. 부모들을 판단하려는 것이 아니며, 지나간 세월에 대해 후회하게 하려는 것도 아니고, 무기력하고 의기소침하게 하려는 것도 아니다. 그저 단순히 우리가 유아기에 긍정적으로든 부정적으로든 어떠한 흔적을 남겼는지 알아보고자 하는 것이다. 우리 자신의 유아기를 살펴봄으로써 우리의 자존감은 더욱 건강하게 발달할 수 있을 것이다.

당신의 배우자, 형제자매, 이미 청소년이나 성인이 된 자녀들도 이 활동에 참여시킬 수 있다. 참여 후, 폭넓은 토론을 할 수 있으며 깊은 성찰을 해볼 수도 있다. 자존감 발달에는 특효약이 따로 없다. 평범한 일상을 살지만 이를 기반으로 관심과 애정, 경험했던 것들에 대한 고민을 통해 발달하고 유지되는 것이다.

- **안정감** 당신은 어렸을 때, 가족이 안전한 장소에 있다는 느낌을 받았는가? 그리고 어려움을 겪을 때 가정이 피난처처럼 느껴졌는가? 아니면 긴장과 스트레스로 가득 찬 장소로 느껴져 항상 대기 상태로 있어야 했나?
- **세상과의 긴밀성** 당신의 부모의 행동 방식을 통해 당신은 합리적이고 예측 가능하며 납득할 수 있는 세상 속에 살고 있다는 인상을 받았는가? 아니면 모순으로 가득 차고 예측할 수 없어서 당황하게 하는 세상 속에 살고 있는 기분이었나? 당신은 장애, 질병, 실직, 죽음과 같은 사실들을 있는 그대로 받아들일 수 있었는가? 아니면 피하거나 부인해야 하는 사실로 느껴졌는가?
- **지능 발달** 당신의 부모는 다양한 방식으로 당신의 지능을 자극했는가? 그들은 당신에게 정신을 활용하는 것이 아주 재미있는 모험이 될 수 있다는 사실을 깨우쳐주었나?

- **정신적 독립** 당신의 부모는 당신을 독립적인 존재로 여겼는가? 그리고 당신의 비판 정신을 발달시키고 스스로 생각할 수 있도록 도왔는가? 아니면 부모에게 절대적으로 복종하게 했는가?

- **강요보다 설명** 무언가를 시킬 때 당신의 부모는 합당한 이유들을 설명하면서 당신이 이해할 수 있도록 노력했는가? 아니면 "내가 하라면 해야 해!"라고 말했는가?

- **자유로운 의사 표현** 당신은 체벌이나 비난 또는 놀림을 받을 거라는 두려움 없이 당신의 의견을 솔직하게 표현할 수 있는 자유를 느꼈는가?

- **감정, 욕구, 생각에 대한 표현** 당신의 부모는 일반적으로 당신의 기분, 감정 또는 욕구 표현에 귀를 기울이고 존중했는가? 아니면 당신의 감정 표현이 적합하지 않다는 것을 계속 강조했는가? 아니면 당신이 감정을 표현할 때 조롱이나 빈정거림 또는 불쾌한 기분으로 대했는가?

- **가시적 존재** 당신은 부모가 당신을 항상 보고 있고 이해하고 있다고 느꼈는가? 그들은 당신을 온전한 한 사람으로 대하고 진심으로 관심을 가지는 것 같았나? 아니면 당신의 존재를 가구나 자질구레한 장식품처럼 여기면서 무관심했는가?

- **사랑받고 가치가 부여된 존재** 당신은 부모로부터 사랑을 받고 가치를 부여받은 느낌을 받았는가? 아니면 당신을 마치 원하지 않고 귀찮은 짐처럼 느끼는 것 같았나?

- **올바른 대우** 당신의 부모는 당신을 공정하게 대했는가? 당신이 무엇을 잘했을 때 솔직하게 평가를 해주었는가? 무엇을 잘하지 못했을 때 혹시 비난만 받았는가?

- **협박과 체벌 사용** 당신의 부모는 체벌(또는 체벌에 대한 협박)을 사용했는가? 처벌이나 체벌에 대한 협박이 당신을 조종하고 통제하기 위해 의도적으로 사용되었는가?

- **행복이나 실망의 요인** 당신의 부모가 당신의 편에 있다는 느낌을 받았는가? 그들은 당신 자체로 행복해하고 최고의 가치를 부여했는가? 아니면 당신을 실망의 요인으로 여기고 가치 없고 보잘것없는 무능한 존재로 여겼는가?

- **능력 이상의 기대** 당신이 가진 능력 이상의 기대와 요구로 부모가 당신을 짓누른 적이 있는가?

- **죄책감 주입** 당신 부모는 당신에게 죄책감을 느끼게 하고 계속 그 죄책감을 느끼며 살아가게 했는가? 당신 부모는 은연중에나 명시적으로 당신이 스스로에 대해 나쁜 사람으로 생각하도록 만들었는가?

- **사적인 공간에 대한 존중** 당신의 부모는 당신의 신체적이고 감정적이며 지적인 사적 공간을 존중했는가? 당신의 존엄은 존중받았는가?

- **자존감을 위한 배려** 당신의 부모는 자존감을 가치 있다고 여기고 자존감이 발달할 수 있도록 도왔는가? 아니면 당신을 보잘것없고

내세울 게 전혀 없으며, 의견을 들을 필요도 없고 이해시킬 필요도 없는, 그저 말만 잘 들으면 되는 존재로 여기도록 했는가?

- **다른 사람들과 함께 살아가는 기쁨** 당신의 부모는 당신에게 삶이란 재미있는 모험이며 멋진 도전들로 가득한 것이라는 인상을 전달해주었는가? 아니면 당신에게 세상과 다른 사람들은 두려운 존재라고 인식하도록 했는가?

- **실수에 대한 반응** 당신이 무엇인가를 배우고 시도하다가 실수를 하면 언제든 일어날 수 일로 받아들여졌는가? 아니면 웃음거리가 되거나 처벌이나 경멸의 원인이 되었는가? 당신은 새로운 상황들이나 배움에 대해 두려움 없이 시도할 수 있었는가?

- **학업 성적에 대한 반응** 당신의 부모는 당신이 공부를 잘하고 시험을 잘 보는 것을 그 무엇보다 중요하게 여겼는가? 그들은 당신을 단지 성적으로만 판단하는 경향이 있었는가? 아니면 좋지 않은 성적을 받아도 그 성적을 절대적인 것으로 받아들이지 않고 당신에 대한 신뢰를 잃지 않았는가?

- **성적 수용** 당신의 부모는 당신에게 소년 또는 소녀의 모습이 조화롭게 발달되도록 노력했는가? 아니면 당신의 성을 부인하고 비난하는 느낌을 받았는가?

- **성에 대한 태도** 당신의 부모는 당신 자신이 신체와 성에 대해 긍정적이고 건강한 태도를 갖도록 도왔는가? 아니면 육체와 성을 '더러운' 것으로 간주하면서 부정적인 태도로 일관하였는가? 또

는 성은 아예 존재하지 않는 것처럼 생각했는가? 당신이 행복하고 긍정적인 방식으로 변화 중인 육체와 성을 발견할 수 있도록 당신의 부모가 도와준다는 느낌을 받았는가?

- **자기 자신으로 살기** 당신의 부모는 당신의 삶이 당신에게 속한 것이라는 믿음을 주었는가? 아니면 당신은 단지 가족의 일부일 뿐이며, 당신의 존재 이유 또한 그들에게 자부심과 영광을 가져다주기 때문이라고 생각하도록 했는가? 당신은 그저 가족의 자원으로만 대우를 받았는가? 당신 부모는 당신 자신의 목표가 다른 사람들의 기대에 부응하는 것이 아니라 자신만의 삶을 사는 것이라고 생각하도록 도왔는가?

간단하지만 유용한 활동

우리는 일반적으로 우리 자신의 자존감을 평가하는 데 서툴다. 자, 당신이 자신의 자존감에 대해 생각해볼 수 있는 간단한 연습을 해보도록 하겠다. 당신은 이 활동을 당신의 자녀 또는 청소년, 배우자나 친구와 함께 해볼 수 있다. 순서대로 과정을 따라야 한다.

- 종이 한 장과 필기도구를 준비한다.

- 당신이 존경하는 사람의 이름을 적는다. 실존 인물이어도 좋고, 소설, 영화, 만화 속의 가상 인물이어도 좋다. 살아 있거나 사망했어도 상관없고 아주 유명하거나 아예 알려지지 않은 사람이어도 괜찮다.
- 당신이 존경하는 이 사람에게는 장점들이 분명 있을 것이다. 적어 놓은 이름 아래에 그 장점들을 써본다. 장점의 목록을 가능한 한 길게 적어보도록 한다.
- 종이의 맨 위로 돌아와 당신이 적었던 사람의 이름 옆에 당신의 이름을 쓴다.
- 당신의 이름을 바라본다. 그리고 옆에 나열되어 있는 장점들을 본다. 어떤 느낌이 드는가?

심리학자의 조언에 의하면, 사람들은 이미 자신이 가지고 있는 장점들을 가진 누군가를 존경한다고 한다.

4장

자존감을 결정짓는
또 다른 요인들

학교에서의 자존감

　학교(어린이집, 유치원도 해당)가 아이의 자존감 발달에 중요한 역할을 한다는 것은 의심할 여지가 없다. 왜냐하면 우리가 앞에서 살펴보았던 자존감 형성의 핵심 요소들은 바로 학교에서 마주할 수 있는 것들이기 때문이다.

- 안정감 느끼기
- 자아 정체감 키우기
- 소속감 키우기
- 자신감 키우기
- 목표의식과 책임감 키우기

　그런데 이상하게도 교육제도 내에서는 이러한 핵심 요소들이 충분히 발달하지 못했다. 매일 많은 아이들이 학교로 향하는데 그들의 자존감은 가늠할 수조차 없을 만큼 수준이 낮다. 아이들의 자존감의 상태가 어떠한지는 태도, 행동, 관심사들을 통해 드러난다. 마찬가지로 부모의 관심사를 통해서도 드러난다! 학교는 아이들의 자존감 형성을 위한 근본적인 역할을 포기해서는 안 되며 거부할 수도 없다.

아이들이 사회와 자기 자신에게 파괴적으로 행동하는 것은 학교가 아이의 자존감 형성을 위한 핵심 요소들에 대체로 소홀하기 때문이다. 아이가 건강한 자존감을 형성할 수 있도록 학교가 지금보다 적극적인 도움을 준다면, 청소년들에게서 발생할 수 있는 학업 중단, 학습 장애, 비행, 마약과 음주, 자살 등의 여러 가지 문제들을 예방할 수 있을 것이다. 학교는 자존감이라는 주제에 대해 중대한 역할을 해야 한다. 당연한 생각이다. 이와 함께 몇 가지 반성해야 할 점들이 있다.

교육의 근본적인 목표가 무엇인가

유아기를 벗어난 아이들은 이제 '공교육'의 테두리 안으로 들어가게 된다. 정부가 담당하는 공교육의 목표는 무엇일까? 이에 대한 의견들은 자주 대립한다.

어린이 교육이 시작된 지는 그리 오래되지 않았다. 원래의 목적은 말을 잘 따르는 시민으로 변화시키는 것이었다. 따라서 교육 방식이라는 것이 책임과 자율을 강조하거나 독립적인 사고를 장려하는 식으로 이루어지지 않았다.

대신 오랜 시간 동안 꼼짝없이 있도록 하는 규칙처럼 논쟁의 여지가 있음에도 그저 규칙을 따르도록 의무를 지운다거나, 아이의 관심사나 능력이 무엇이든 모두에게 똑같이 문법이나 공식을 암기하도록 해왔다. 그래서 교육은 교사가 주도하든, 교육제도가 주도하는 것이든 모두에게 같은 방식으로 가르치는 것이었다. 아이들은 지속적인 평가에 순응해야 했고, 이런 과정을 통해 권위에 대한 순종을 배웠다.

아이들이 순종적 시민이 되도록 교육하는 이런 방식으로 어떻게 자존감의 발달과 강화를 실현할 수 있었겠는가? 이 교육이라는 '경기'의 규칙을 성실히 지키지 않는 아이는 교육제도에서 소외되기 일쑤였다. 그렇게 학교에서 한번 배제된 아이들은 다시 돌아오기가 어려웠다. 이처럼 학교는 개성 있고 혁신적인 사색가들을 배출해내기보다 마치 하나의 틀에서 찍어낸 듯한 개인들과 순응주의자들만 양산해왔다. 지적 능력이 뛰어난 사람들에 따르면, 학창 시절은 그저 지루할 뿐이었고 적합한 지적 자극이 충분하게 주어지지 않았다고 한다.

오래전부터 학교는 자율과 책임에 대해 교육하고자 변화의 의지를 보였지만, 오늘날의 공교육제도를 살펴보면 여전히 변하지 못한 흔적들이 여러 가지 남아 있다. 학교는 변화에 적응할 줄 알아야 한다. 그리고 그 변화는 계속되어야 한다. 그런데 이를 인정하기가 쉽지는 않다. 과거 학교에 머물러 있으려는 안일함 때문에 다른 학교의 모습은 상상하기가 어려워졌다.

그럼에도 새로운 학교의 모습을 상상해보기로 한다면, 앞에서 설명했듯이 그동안의 공교육을 반성함으로써 건강한 자존감의 기초를 다지도록 도와야 할 것이다. 이제 교육의 궁극적인 목적은 더 이상 일련의 지식들을 숙달한 후 시험 시간에 그동안 배운 것을 그대로 되뇌는 방식에 머물러서는 안 된다. 학교는 학생들의 건강한 자존감을 위한 모든 핵심 요소들을 발달시키는 데 집중할 수 있어야 한다. 그래야만 아이들이 인생을 보다 조화롭게 살아갈 수 있을 것이다.

학교, 자존감이 강화되거나 파괴되는 곳

어린 시절의 가정환경과 청년이 된 후 곧 들어서게 될 세상 사이에서 학교는 자존감 발달과 관련해 아이에게 매우 중요한 역할

스스로 행복한 아이로 키우는 진짜 자존감

을 담당한다.

학교는 가정환경이 매우 열악한 아이에게 일시적으로 방패막이 되어줄 수 있으며, 새로운 기회의 장소가 되기도 한다. 또한 인간 지식의 무한하고 풍부한 발견 속에서 아이의 호기심을 지원할 수 있으며, 아이가 가정환경과 다른 무리 속에서 동화되고 책임감을 발달시키도록 도울 수 있다.

하지만 어떤 아이들에게 학교란 때로는 자존감이 심각할 정도로 낮아지는 곳이고, 교사들의 손아귀 안에서 법적으로 강요된 감금의 장소일 뿐이다. 교사들은 이 안에서 극적인 결과를 낳을 수밖에 없는 시스템을 수용해야 한다. 학교 환경이 이렇다면 이제 막 발달하기 시작한 아이들의 자존감은 망가지게 마련이며, 이런 자존감의 문제는 오랜 시간 지속될 수 있다.

아이러니하게도 학교는 아이들에게 배움에 대한 두려움을 주는 장소가 되기도 한다. 학교 교실에서 아이들은 이런 공포를 너무 자주 경험한다. 또한 학교는 아이들에게 부적절한 규칙과 일정 행동들을 강요함으로써 그들의 개성을 망가뜨릴 수 있다. 아이 자체를 평가절하하거나 배제 및 격리할 수도 있고, 아이로 하여금 파괴적인 행위나 감금 상태로 숨게 할 수도 있다.

아이들에게 칭찬은 하지 않으면서 창피를 주는 교사, 예의 바르고 존중하는 말을 사용하지 않으면서 빈정거리고 웃음거리로 만드는 교사, 한 학생을 희생시켜 다른 학생들의 비위를 맞추는 교사, 교사 권위의 개념을 협박이나 처벌로만 알고 있는 교사, 아이에게 실수에 대한 두려움을 안겨주고 배움에 대한 공포를 심어주는 교사, 아이에게 목표는 제시하면서 동기를 부여하지 않고 공포 분위기를 조성해 굴복하기를 강요하는 교사, 아이의 가능성을 믿지 않고 한계만 강조하는 교사, 아이의 마음속에 불을 켜지 않고 오히려 불을 꺼버리는 교사 등….

물론 이런 교사들은 드물겠지만 일부 교사들이 하는 이런 행동들에 의해 어떤 비극적 결과가 생길지에 대해서는 생각하지 않는다. 이 같은 교사들에게 맡겨진 아이들은 자존감이 무너지는 것뿐만 아니라 학업을 아예 중단할 수도 있다.

반대로 또 다른 교사들은 자신의 능력 안에서 아이에게 신뢰감을 준다. 의지할 곳 없이 어려운 환경에서 자라는 아이들에게는 이런 교사의 존재가 마치 해독제와 같을 것이다. 아이가 스스로에게 부정적인 태도를 가질 때 이를 저지하는 것으로도 교사는 아이의 삶을 살릴 수 있다.

힘든 환경에 처한 아이들에게 학교는 두 번째 기회나 다름없다. 인격을 발달시킬 수 있고, 주어진 삶보다 더 나은 삶의 비전을 가질 수 있는 기회가 주어지는 것이다. 만약 학교가 이런 학생들에게 기회를 주지 않는다면 이 아이들은 지금껏 지니고 살아올 수밖에 없었던 파괴적 태도에서 어떻게 벗어날 수 있겠는가?

자존감을 위한 학교의 역할

자존감과 학업 성공은 밀접한 관련이 있다. 새삼 놀라울 것도 없는 사실이다. 자기 자신과의 관계가 좋은 아이는 더 빨리, 더 잘 배우므로 학업 성적이 좋을 가능성이 크다. 그리고 타인과의 관계 형성도 더 수월하게 잘해낼 수 있다.

반대로 자존감이 낮은 아이는 실패의 악순환에 빠질 위험이 있다. 학교에서의 어려움으로 말미암아 아이는 자신을 보잘것없고 멍청한 사람으로 여기게 된다. 아이는 성적이 좋지 않으면 자신이 못난 탓이라며 정당화할 것이며, 결국 학업을 중단할 수도 있다. 물론 아이들 인생에서 발생하는 모든 문제에 대한 해결책을 학교가 제시할 것이라고는 기대할 수 없다. 하지만 건강한 자존감의 기초를 중시하는 학교와 교사들은 그렇지 못한 경우와 아주 큰 차이를 보이는 것도 사실이다.

자존감의 기초를 중요시하는 분위기는 가능한 한 빠른 시기부터 시작되어야 한다. 일반적으로 어린이집이나 유치원이 그 시작일 것이고 취학 기간 내내 유지되도록 해야 한다. 교육제도의 모든 단계, 대학교에 이르기까지 적용되어야 한다. 자존감의 기초가 되는 요소들은 아주 단순하다.

안정감

신체적인 안정감은 물론 정서적이고 정
신적인 안정감을 느끼도록 해야 한다.

- 계속되는 실패, 빈정거림, 굴욕으로 말미암
  아 현재 형성되어가는 인격이 학대당하지 않
  도록 한다.
- 모든 것을 꼭 인정할 필요는 없지만 아이의 감정, 생각, 의견들을
  수용하도록 한다.
- 지능의 다양한 형태들이 획일적이거나 적합하지 않은 학습법으
  로 강요받지 않고 지속적으로 자극받도록 한다.

자아 정체감

자아 정체감은 아이의 고유성을 드러나게 하
며, 아이가 세상에 단 하나밖에 없는 소중한 존
재라는 사실을 알려준다.

- 모두를 위한 학교가 모든 아이들이 똑같은 모습이라는 것을 의미
  하지는 않으므로, 평등함과 획일성을 혼동하지 않도록 한다.
- 배우는 방식과 가르치는 방식을 구별한다.
- 아이의 특별한 재능을 사용하게 하고 그 재능을 믿어준다.

소속감

정당한 자부심을 느낄 수 있는 조
화로운 교실 생활과 학교 환경을 통
해 소속감을 느끼게 한다.

- 모든 아이들에게 함께 살아가는 법을 배울 기회를 제공한다.
- 아이에게 교실 생활에 참여할 기회를 준다.
- 아이들이 갈등을 해결할 수 있는 방법들을 배울 수 있도록 한다.
- 매일매일 오고 싶은 학교 분위기를 만든다.

자신감

아이가 학교생활을 하는 내내 스스로 능력과 재
능이 있다고 느끼도록 해야 한다.

- 아이의 강점을 찾아내고, 약점을 보완할 수 있게 한다.
- 아이의 강점을 신뢰하고, 약점은 강조하지 않는다.
- 아이의 발전 속도를 존중하면서 성공할 수 있는 기회를 시기적절
  하게 자주 제공하고, 아이의 성공을 돋보이게 한다.
- 아이의 능력이 학업 외의 것이더라도 그 능력을 키울 수 있도록
  자극한다.

목표의식과 책임감

목표의식과 책임감을 갖게 하기
위해서는 다음이 요구된다.

- 아이에게 동기가 될 수 있는 목표들을 제시한다.
- 선택은 아이가 스스로 하게 하고 자신의 발달을 책임질 수 있도록
  돕는다. 배워야 하는 것, 배우는 방법 등 아이가 해야 하는 것을 계
  속 강요하지 말아야 한다.

자, 앞에서 언급된 자존감의 기초가 되는 요소들이 고루 적용
되어 아이의 자존감이 균형 있게 잘 발달된다면, 이제 복잡할 게
전혀 없다. 순차적으로 아래와 같은 긍정적 효과들도 따라올 것
이다.

- 배우고자 하는 의욕
- 균형감을 갖고, 책임을 지고, 타인과 자연을 존중하는 자세
- 원만한 인간관계와 애정 관계
- 지나치게 죄책감에 사로잡히지 않고 스스로 반성하고 개선할 줄
  아는 능력
- 폭력적이지 않고, '아니오'라고 말할 줄 아는 능력 등

: 운동장의 냉혹한 세계

운동장은 어른의 교육적 간섭이 없고, 갈등, 협력, 우정, 질투, 폭력, 모욕, 소외, 강탈, 교류, 사회적 비교 등 자존감의 모든 요소들이 시험되는 장소다. 운동장에는 강한 자, 지배하는 자, 영악한 자, 소극적인 자, 희생자, 지배당하는 자, 추종자들이 있다. 교실 안에서 아무리 성적이 좋았다 하더라도 운동장에서는 전혀 빛을 발하지 못하기도 한다. 그리고 교실에서 성적이 좋지 않은 아이들이 운동장에서는 리더가 되어 자존감이 높아지는 경우가 있다.

학습과 자존감

배움에 왜 자존감이 필수일까? 그 이유는 자존감의 결과 중 하나가 자신감이기 때문이다. 그리고 본질적으로 배우는 것은 이미 아는 것으로부터 모르는 것으로 나아가는 과정이다. 표지가 잘 설치된 안전한 길을 가다가 잘 모르는 지역으로 들어서는 것이다. 이 모험에 뛰어들기 위해서는 자신감이 꼭 필요하다.

무엇을 모르는지 발견하는 것은 아주 재미있고, 활력을 주며, 즐거운 일이다. 하지만 자신감이 부족하다면 모른다는 사실이 두

렵고, 긴장되고 불안한 일이 된다. 특히 실패한 후 벌어질 불쾌한 상황들이 무섭거나, 인격이 상처받을 위험이 있을 때 더욱 그럴 수 있다. 이 점을 고려할 때 학교의 역할은 파괴자에 가깝다. 아이들이 넘치는 자신감과 호기심을 가지고 학교에, 유치원에 들어가지만 신뢰감은 순식간에 사라지고 학교와 배움에 대한 공포감은 커진다. 아이를 돌볼 때를 생각해보면, 아이에게 주의를 기울이지 않는다거나 아이가 위험한 장소로 가도 신경 쓰지 않는 경우는 없다. 아이들의 인격도 마찬가지다. 아이들의 인격은 아직 연약하기 때문에 상처받을 위험이 있는(특히 학습과 관련된) 상황에 두면 안 된다.

배움에 대한 공포 때문에 발생하는 최악의 상황은 성인이 되어서까지도 그 공포감이 그대로 유지될 수 있다는 것이다. 앎을 접하는 순간마다 흥미를 갖지 못하고 평생 동안 학습에 도전하지 못할 수 있다.

그런데 더 안타까운 건 새로운 것을 배우는 게 두려운 나머지 상투적인 생각만 하고, 무엇인가를 새롭게 발견하거나 새로운 사람을 만나는 상황을 기피하고('나에게 관심이 없어.', '시간이 없어.'), 지적인 사람들에게 공격적으로 대할 수 있다는 것이다. 또한 자신의 이런 좌절감을 극복하기 위해 학교에 다니는 자녀에게 학습에 대한 압박을 가할 수도 있다.

많은 성인들이 학창 시절에 겪었던 어려움과 자존감 상실 사이에는 밀접한 관계가 있다고 한다. 부정적인 시선을 받았던 경험들을 내면화하기 위해 파괴적인 내적 언어('나는 멍청해.', '나는 해낼 수 없을 거야.' 등)가 발달하기 때문이다. 성인이 된 후 건강한 자존감을 되찾을 수 있음에도 학교에서 받았던 상처들은 평생 동안 사라지지 않는다.

: 학습 기반으로서의 자존감

학습의 성공과 자존감 사이의 관련성은 학교에서만 적용되는 것이 아니다. 브라질의 위대한 교육학자 파울로 프레이리Paulo Freire는 특히 성인을 위한 학습 지원 프로그램인 국립문맹퇴치 프로그램을 만들고 문맹퇴치 캠페인과 교육 운동을 펼쳤는데, 그 또한 성인에게 학습을 권하기 전에 자존감 프로그램이 필요하다고 했다. 이는 일부 학생들이 학습에 어려움을 보일 때 교사가 어떻게 대처할지에 대한 해답이 되어준다. 교사들이 아무리 애를 쓰고 좋은 의도를 품고 있다 할지라도 먼저 학생들의 자존감이 회복되도록 도와주지 않는다면 학습 면에서도 성과를 기대할 수 없다. 어린아이들의 경우 자존감이 낮고 자신감이 부족하다면 배움은 항상 어려운 문제로 남을 것이다.

인지적 개체성

앞서 살펴보았지만 자존감 형성의 기초 중 하나가 자아 정체감인데, 이는 자기 자신의 모습을 잘 알고, 있는 모습 그대로를 받아들이는 것을 말한다. 우리의 두뇌를 사용하는 방식, 즉 '인지적 개체성'의 경우도 마찬가지다. 인지적 개체성은 유아기부터 발달되는데, 일단 가정에서, 그리고 이후에는 학교에서 잘 발달되도록 해야 한다.

과거에는 모든 사람들이 획일적 방식으로 지식을 습득하며, 하나의 교수법이 모두에게 적용된다고 생각했다. 요즘은 각자가 다른 방법으로 배우며 교수법도 가능한 범위 내에서 학생 각자의 욕구에 맞추어야 한다는 생각이 일반화되었지만, 정작 학교에서는 이러한 시대적 흐름이 제대로 정착되지 못하고 있다.

인지적 개체성에 대한 가장 좋은 접근 방식 중 하나는 다중지능 이론의 창시자 하워드 가드너Howard Gardner가 개발했다. 가드너에 따르면, 인간은 모두 태어날 때 한 가지 지능이 아니라 여러 가지 잠재적 '지능'을 소유하고 있다. 그리고 살아가면서 정도의 차이는 있어도 각각의 지능을 발달시킨다. 가드너가 정리한 여덟 가지 지능은 언어 지능, 논리 수학 지능, 공간 지능, 신체 협응 지능, 음악 지능, 대인 관계 지능, 자기 이해 지능, 자연 탐구 지능이다.

교육제도가 이 지능들 중 단 두 가지 언어 지능과 논리 수학 지능에만 집중한다는 사실은 이미 많이 알려져 있다. 그렇다면 그 나머지 지능이 뛰어난 아이들에게 현재의 교육제도는 어떤 의미가 있겠는가? 그야말로 불행일 뿐이다! 가드너에 따르면 우리가 태어나 세상을 떠날 때까지 이 여덟 가지의 지능을 모두 수준급으로 발달시키는 것이 이상적이며, 때로는 덤으로 이 지능들 중 하나를 이례적인 수준으로 키울 수 있다고 한다.

자존감과 학업 실패

앞서 자존감과 학업 성공 사이에 밀접한 관계가 있다는 사실을 확인했다. 이처럼 학업에 어려움이 있는 아이의 경우 자존감이 지속적으로 위협받는 경우를 관찰할 수 있다.

- 교실에서 겪는 인격과 관련된 어려움 때문에
- 끊임없이 아이의 어려움과 부족함을 상기시키는 평가와 점수들 때문에
- 가족에게("네 성적은 엉망이야!"), 교사들에게("더 노력을 해!"), 친구들에게("이 멍청이!") 느끼는 자신의 손상된 이미지 때문에
- 항상 까다롭고 협박이 수반되는, 상급반으로 올라가는 테스트 때문에("상급반으로 올라가려면 이번 학기에는 정말 많이 노력해야

한다.")

- 시험을 앞두고 요행을 바라거나 실력이 떨어져 좋은 점수를 확신할 수 없을 때

이렇게 상처 입은 자존감은 학습에 걸림돌이 될 뿐만 아니라 타인이나 자신에 대해 손상된 이미지를 가지게 한다. 그리고 결과적으로 인격을 구성하는 주요 기능들 역시 훼손되고 만다. 아이의 학업 실패에 대한 대처 방법은 본질적으로 두 가지의 형식을 따른다.*

- **차별화된 교수법** 어려움을 겪는 학생들에게 약점을 지적하거나 강조하지 않고 강점에 더욱 힘을 실어줄 교수법이 필요하다.
- **학교의 지원 대책** 학교 차원에서 지원할 부분을 적극 강구해야 한다.

이 두 가지 개선 방향은 교수법을 적용하는 교사들뿐만 아니라 학습 과정에 직접적으로 참여하게 되는 학생과도 관계가 있다. 물론 수많은 교사들이 학생들에게 부합하도록 교육법에 대해 집요하게 연구하고 있는 것도 사실이다. 하지만 이러한 개선안으

---

*아동에게도 도움이 되는 심리적 및 준의료적 대응에 대해서는 여기서 논의하지 않는다.

로는 아무래도 한계가 있다.

학습에 일시적으로 어려움을 겪는 학생들의 경우에는 이 정도의 개선안으로도 충분히 해결할 수 있겠지만 아예 학업에 실패했다고 낙인찍힌 아이들에게는 명쾌한 답안이 될 수 없다. 왜냐하면 이미 실패의 악순환에 빠져버린 학생들에게 무엇보다 중요한 것은 자존감을 세우는 것이기 때문이다. 학업 성적과 학교생활이 회복되는 것 이상으로 아이들이 기대하며 그렸던 미래의 길로 다시 들어설 수 있도록 이끌어야 하는데, 여기에서의 핵심이 바로 자존감이다.

학교에서 자존감의 발달 및 강화와 직접적으로 관련된 프로그램들을 진행하기 위해서는 교사들의 협력이 가장 중요하다. 실질적으로 적용할 수 있는 서클 타임Circle Time (이야기 나누기 활동)과 같은 간단한 활동들에 대해서는 5장에서 살펴보도록 하겠다.

교사의 자존감

충분히 건강하고 긍정적인 상태의 자존감을 갖춘 교사라면 가정에서 부모들이 하듯 그들도 학교에서 학생들에게 건강한 자존감에 필요한 요소들을 전달해줄 수 있다.

그런데 교사들도 자존감이 낮은 경우가 있다. 자존감이 낮은 교사들을 알아보는 것은 그리 어렵지 않다. 자존감이 높은 교사들보다 참을성이 없고, 더 권위주의적인 모습을 보이며, 벌을 주는 횟수도 더 많다. 그리고 학생들의 강점보다 약점에 주목하는 경향이 있으며, 공포심을 불러일으키고, 의존, 복종, 통일을 부추긴다. 그들이 강요하는 공통적 표본에서 조금이라도 벗어나면 예외 없이 처벌을 한다. 자존감이 낮은 교사들은 불행한 교사의 전형적인 모습을 보이며, 이들 대부분은 교실에 파괴적 관리 전략을 적용한다.

아동과 청소년들은 주위 성인들을 모방하려는 모습을 많이 보인다. 만약 조롱과 빈정거림을 일삼은 어른들의 모습을 본다면, 아이들은 어른들이 사용한 그런 부정적 잣대를 자신에게도 사용하려고 할 것이다. 그리고 무례하고 가끔은 잔혹하기까지 한 언어를 사용하는 어른들을 보게 된다면, 더구나 어른들의 잘못된 언어 사용의 피해자가 바로 아이들 자신이라면, 타인을 향한 아이들의 언어적 행동 역시 날카롭게 날이 설 것이다.

또한 아이들에게 순응주의적 생각과 행동을 강요하면 아이들은 사회에 나가서도 순응주의적 태도로 평생을 살려고 할 것이며 주위 사람들을 쉽게 조종하려고 할 것이다. 게다가 교사가 아이들에게 가르침과 일방적 강요나 잔소리를 혼동하게 만든다면, 아이들은 무엇인가를 배우고 싶은 욕구를 너무나도 쉽게 내려놓고 말 것이다.

그 반대로, 아이들이 교사를 통해 친절이 무엇인지 알게 되고, 긍정적인 것과 성공을 뒷받침하는 것이 무엇인지 깨닫는다면, 그들은 직접 보았던 교사의 모습들을 자신의 행동 속에 녹여낼 수 있다. 정의가 무엇인지 알 수 있다면 공정하고 정의로운 태도를 자신의 것으로 만들 수 있는 기회가 될 것이다. 그리고 창의력을 발휘할 수 있는 환경이 조성된다면, 아이들은 무엇이든지 시도하고 싶어 할 것이다. 아이들의 인격과 각자만의 특별한 학습법이 존중받는다면, 그들은 평생 동안 배우고 싶은 욕구를 잃어버리지 않는다.

따라서 교사들도 자신의 역할을 올바르게 수행하고 싶다면, 자기 자신의 자존감을 발달시키기 위해 노력해야 한다.

교실에서 자존감을 키우는 실질적 방법

이미 살펴보았듯이 자존감이라는 것은 사용이 되면서 동시에 또 형성되는 성질을 지닌 내적 과정이다. 학교에서(또는 회사에서) 자존감 발달을 장려한다면, 자존감을 키울 수 있도록 지원하고 또 실질적 방안들을 실천하는 분위기를 조성해야 한다. 그리고 각자가 스스로 자존감을 유지하려고 노력해야 한다. 스스로 유지되고 보존하는 선순환이 필요한 것이다.

이를 위해 특화된 장소가 바로 학교 교실이다. 그렇다면 교실이라는 환경에서 어떻게 아이들의 자존감을 발달시킬 수 있을까? 교사들에게 몇 가지 실질적 방법들을 조심스럽게 권해본다.

존중하기

아이가 겪기에 가장 고통스러운 것들 중 하나가 바로 어른에게 존중받지 못하는 것이다. 따라서 교사는 맡은 학생들에게 예의 바르게 대하고 존중하면서 교실에서 항상 다음과 같은 메시지를 보내야 한다.

"여러분은 지금 규칙이 적용되고 있는 환경 속에 있습니다. 여러분은 아마도 그 규칙들에 익숙해져 있을 것입니다. 교실에서 여러분의 존엄과 감정은 중요하며, 나는 여러분의 존엄과 감정을 존중하기로 약속합니다."

교사는 이렇게 간단한 약속을 통해 자존감 발달을 장려하는 교실 환경을 조성하기 위한 첫걸음을 뗄 수 있다.

교실에서 정의를 적용하기

아이들은 정의와 관련한 모든 것에 아주 예민하다. 그렇기 때문에 교사가 같은 규칙을 모두에게 같은 방식으로 적용하는 것을 지켜본다면, 예를 들어 교사가 남학생, 여학생, 서양인, 동양인, 흑인, 백인에게 말하는 태도가 모두 똑같다면, 아이들에게는 그 것만으로도 좋은 공부이며 그런 교사를 공명정대함을 지닌 사람으로 인식할 것이다. 게다가 안정감도 커질 것이다.

반대로 몇몇 학생들에 대한 특혜나 또 다른 몇몇 학생들에 대한 따돌림은 교실의 분위기를 망친다. 교사가 이런 식의 행동을 하면 아이들은 소외감과 거절감을 느끼며, 세상이란 정당한 지위를 누리며 살 수 있는 장소가 아니라고 생각할 수밖에 없다.

자신에 대해 긍정적 평가를 하도록 돕기

교사가 학생들에게 적합한 '인정의 신호'*를 보낸다면 아이들은 다른 사람들이 자신을 주목하고 이해해준다는 느낌을 받는다. 그리고 교사가 아이들을 판단하는 것이 아니라 객관적 시선으로 본 것을 설명한다면, 아이들이 스스로를 평가하고 더 아는 데 도움이 될 수 있다.

강점을 먼저 보기

교사가 아이들의 강점에 관심을 기울이면 아이들은 개인적 확

●
5장 '자존감을 높이는 실제적인 활동'(251쪽) 참조.

신감을 키울 수 있으며, 미래의 성공을 위한 좋은 토양을 준비할 수 있다.

아이들은 각자 무엇인가를 잘할 줄 알며, 재능도 가지고 있다. 따라서 그것을 찾아내고 알아봐야 하고, 찾아내면 발달시켜야 한다. 교사는 황금을 찾는 사람이어야 한다. 불행하게도 교육제도는 교사로 하여금 아이의 강점이 아니라 약점에 주목하도록 압력을 가하는 방식을 반복하게 한다.

예를 들어보자. 피에르는 과학은 잘하지만 수학은 잘하지 못한다. 따라서 피에르에게는 약점, 즉 수학이 더 중요할 것이다. 하지만 안타까운 건, 현 교육제도가 아이들의 약점에 주목하는 방식으로는 피에르 스스로가 수학 실력을 개선해야겠다는 생각을 하지 못한다는 것이다. 게다가 이미 잘하고 있는 과목인 과학에 대한 관심까지 떨어뜨리는 결과를 초래할 수 있다.

아이가 잘하는 것에 먼저 관심을 가져주면 이 강점이 지렛대 역할을 함으로써 잘하지 못하는 것에서도 도약할 수 있는 힘이 생긴다. 아이는 성공을 경험하면 자신의 능력에 대한 신뢰감이 커지고, 수학에서도, 그 외의 분야에서도 역시 성공의 즐거움을 느낄 수 있을 것이다.

실수가 배움의 일부라는 것을 깨닫게 하기

교사가 실수에 반응하는 방법 역시 아이의 자존감 발달에 큰 영향을 끼칠 수 있다. 모든 실수는 배움의 일부가 된다. 만약 아이가 실수를 저지른 것 때문에 벌을 받거나 조롱거리가 되고 창피를 당한다면, 자연스러운 배움의 과정은 깨지고 만다. 만약 아이가 실수를 했을 때 거부되거나 도덕적으로 비난을 받는다면, 아이는 배우고 싶은 욕구를 유지할 수 없거니와 이미 가지고 있던 욕구조차 사라져버릴 것이다.

해답을 제시하기보다 탐구할 수 있도록 자극하기

주어진 질문에 틀에 박힌 대답을 하도록 강요하는 것은 순응주의적 사고를 조장한다. 그리고 이것은 인간 두뇌의 학습 능력과 사고력에 대한 모욕이다.

교사는 자신의 학창 시절 동안 미리 씹어 넣어주고 완벽하게 체계화된 지식에 길들여졌기 때문에 해답을 제시하지 않고 스스로 생각하도록 하는 교육 방식에 혼란스러울 수도 있다. 하지만 아이들에게 질문을 한 뒤 '좋은 해답'을 강요하지 않고 스스로 답을 찾도록 하면, 아이들은 인생을 살아가면서 적용할 수 있고 또는 적용해야 할 삶의 방식을 준비할 수 있다. 아이들이 준비해야 할 삶의 방식이란 문제의 해답을 스스로 찾는 것을 말한다. 우리가 스스로 답을 찾고자 하면 삶은 잊지 않고 꼭 그 해답을 제시해 줄 것이다.

각각의 아이에게 알맞은 관심 주기

모든 아이는 관심을 필요로 하는데, 여기에서 말하는 관심이란 모든 아이들에게 똑같지 않다. 학업에 어려움을 겪는 아이들도 있고 더 많은 관심이 필요한 아이들이 있다. 예를 들어 수줍음이 많거나 매사에 한 걸음 뒤로 물러나 있는 학생들의 경우를 생각해보자. 그 아이들에게 특별한 관심을 기울여주면 그들은 소속감을 느낄 수 있으며, 점차 교실에 익숙해지고 그 안에서 동화될 수 있을 것이다.

균형 있는 규율 마련하기

각 교실에는 준수해야 할 규칙들이 있다. 이 규칙들을 위반하면 처벌이 주어질 수 있다. 때로는 학급 전체 학생들의 정신과 이해를 반영해 규칙을 새로 정할 수도 있다. 이렇게 규칙들은 한 번 정해지고 위반 시의 대가가 공표되면, 교사는 규칙을 적용하는 데 책임자가 된다.

교실의 규칙은 교사가 교실의 분위기를 장악하느냐, 장악하지 못하느냐의 문제를 가르는 열쇠가 된다. 자존감이 낮은 교사들 중 어떤 교사들은 이런 규칙을 사용할 때 엄격하게 처벌을 가하며 때로는 가학적인 모습을 보이기까지 한다면, 또 다른 교사들은 권위라고는 찾아볼 수 없을 정도로 학생들을 방치하고 교실을 무정부 상태처럼 만들기도 한다. 만약 규칙을 적용하는 것 자체를 아예 거부하거나 교실 분위기를 망치는 문제가 발생했는데도 포기부터 해버린다면 그 교사는 책임을 다하지 않는 것이다.

: 가정과 학교에서의 규율

일부 아이들은 집에서의 경험들을 바탕으로 규율과 권위에 대해 매우 부정적인 이미지를 갖고 학교에 온다. 예를 들어 부모가 아이들에게 위협을 하거나 처벌을 하고, 창피를 주고, 폭력을 사용하면서 규칙을 강요하는 경우가 있다. 이런 환경의 아이들은 어차피 강한 체벌에 길들여져 있기 때문에 학교라고 굳이 조심하지는 않는다. 그런데 이런 유형의 학생들이 현명하고 성숙한 교사를 만나게 될 경우 이 만남은 학생에게 엄청난 충격으로 다가올 수 있다.

학생에 대한 긍정적 기대

교사의 기대는 학생들에게는 자기실현 예언의 역할을 하는 경향이 있다. 만약 교사가 어느 학생이 성공할 거라고 기대하면, 그 교사의 기대는 현실이 될 수 있다. 반대로 교사가 학생이 실패할 거라고 예상하면, 학생은 바로 이 실패에 대해 프로그래밍이 되는 과정을 겪는다. 그렇다고 학생에게 주야장천 그가 한 일이나 노력과 아무 관련 없는 찬양만 하라는 말은 아니다. 그런 식의 의미 없는 칭찬은 아이로 하여금 자신의 가치에 대한 현실적인 이미지를 갖지 못하게 하고 동기 부여가 되지 않는다. 어느 날 갑자기 실패하면 현실로 받아들이지 못한다.

무조건적인 칭찬을 하기보다 자주 격려해주는 편이 낫다. 그러면 아이는 발전할 수 있고 더 멀리 가보는 즐거움도 알게 된다. 그리고 실질적인 능력과 독립심을 키울 수도 있다.

자존감이 높은 아이들은 자신의 능력이 어느 정도 수준인지 명확하게 자각한다. 따라서 그들은 본심에서 우러나오지 않은 칭찬은 받아들이지 않으며, 문제들과 마주하는 것을 애써 거부하지 않는다. 심지어 새로운 도전들을 자신 있게 열정적으로 찾아내는 과정을 통해 행복을 느낀다.

다른 사람들과 함께 사는 것을 장려하기

자존감이 우리로 하여금 새로운 도전들에 대처할 수 있도록 한다면, 그 열쇠는 타인과 잘 지낼 수 있는 능력에 있을 것이다. 타인과의 상호작용한다는 것은 자기 자신뿐만 아니라 타인에게도 긍정적이고 좋은 의미다. 갈등의 경우일지라도 마찬가지다.

우리는 타인과의 만남을 잘 시작할 수 있는 능력을 바로 학교와 교실에서 배우고 발달시킨다. 자존감 발달의 핵심 요소 중 하나인 이 능력은 수학이나 지리에 대한 지식만큼이나 중요하며, 어쩌면 훨씬 더 중요할지도 모르겠다.

사회적 관계와 영향

　가정과 학교가 아이의 자존감 발달에 아주 중요한 역할을 한다는 건 명백한 사실이지만, 자존감에 영향을 끼치는 또 다른 요인들이 있다. 특히 사회, 문화, 사고 체계, 종교, 정치적 제도가 그러하다.

　우리는 이처럼 다양한 요인들을 간략하게 살펴보면서 매우 논쟁적인 주제들도 다루게 될 것이다. 대단히 결정적이고 단호한 의견을 내려는 의도는 절대 아니며, 그저 결론을 내려고 애쓰지 않고 사고를 열어두려는 것뿐이다.

자존감과 사회

수면 위로 떠오른 개념

자존감에 대한 개념은 모든 문화와 시대 속에서 찾아볼 수 있는 게 아니라 역사적 발전에 따라 점차 생겨났다. 중세시대에는 '자아'에 대한 개념 자체가 없었다. 각 사람은 고정된 사회질서 속에서 태어났다. 다시 말해 직업을 선택한 적이 없는데 태어났을 때부터 농부, 수공업자, 기사 또는 그들의 아내였다. 물론 예외의 경우가 있었겠지만 아주 드 물었다. 중세시대는 자율성에 가치를 부여하지 않았으며 개체성을 중시하지 않았다. '인간의 권리'에 대한 의식도 없었다.

독립적으로 생각할 수 있고 자신의 삶에 책임을 질 수 있는 자율적 단위로서의 개인이라는 개념은 르네상스 시대 이후에 그 뿌리를 두고 있다.

문화를 초월하는 개념

자존감이라는 욕구는 문화적인 것이 아니라 생물학에 가깝다고 본다. 자존감은 생존과 인간 모두의 효율적인 작동에 관여하기 때문이다. 자존감은 서구의 발명도 아니다. 여기서 성인의 자존감을 형성하는 여섯 가지 원칙들에 대해 다시 살펴보자.

의식하며 살기

현실을 있는 그대로 받아들이는 것을 의미한다. 채소를 재배하기 위한 것일 수 있고, 컴퓨터를 고치거나 나이 든 사람들을 돌보는 것일 수 있다. 주어진 세상에 적응하기 위해서는 무엇을 경험하는지 의식하며 살아야 한다. 왜냐하면 우리 자신이 세상에 얼마나 잘 적응하는지에 따라 우리의 삶이 달라지기 때문이다. 우리 자신이 잘 깨어 있을수록 우리가 노력하는 범위 내에서 성공할 기회를 더 많이 가질 수 있다.

자기 자신을 받아들이기

자신이 속한 문화의 특성으로 개인이 자신의 생각과 행동, 감정, 그리고 내면의 삶을 거부하게 되면 그 사람의 인격은 망가진다. 문화와 그 가치가 인간이라는 존재의 욕구와 대립되면, 인간 자신과 그가 사는 사회에 끔찍한 결과가 나타난다. 특히 여성에게 열등한 역할과 지위를 부여하는 문화들이 그러했다.

책임을 받아들이기

모든 문화가 각 개인에게 동일한 수준의 책임감을 발달시키지는 않는다. 이 책임감이라는 의미를 상당히 위험한 것으로 여겨 고의로 억누를 수도 있을 것이다. 그러나 책임을 받아들이면 우리는 자연스럽게 사회 기능들 중 우리 몫을 책임질 수 있다. 인간이라는 존재는 본질적으로 삶에 기생하려고 하거나 기류에 편승해 살려고 하지 않고 다른 사람들과의 협력을 통해 공동의 목표를 이루려고 하기 때문이다.

개인적 확신감 발달시키기

모든 문화가 각각의 개인들이 생각하고 느끼고 꿈꾸는 것에 대해 표현하는 것을 반기지는 않는다. 이 개인적 확신감이라는 감정이 일부 문화들의 '가치'와는 어긋날 수도 있고, 전체주의 체제에서는 공격의 대상이 될 수도 있다. 우리가 개인의 사적이고 독자적인 생각을 표출하는 것이 자유롭지 못하면, 우리만의 창의력, 독특한 방식으로 생각하는 능력, 문화와 사회를 변화시킬 수 있는 동력이 되어줄 새로운 계획들이 차단되어버린다.

목적의식을 가지고 살기

모든 시대와 문화 속에는 일을 배우거나 결혼하고, 자녀를 갖고, 사업을 키우거나 평정을 찾는 등 무엇을 하든지 목적의식이라는 욕구가 있다. 만약 자기 자신만의 길을 만들려고 하지 않고 인생에서 일어나는 사건들에 그저 끌려 다니며 살면 개인의 인격은 조화롭게 발달하지 못한다.

정직하게 살기

정직성은 일부 문화에서 '명예'에 포함되어 있기도 한다. 쉽게 말하자면 주어진 말을 존중하고 자기 자신의 가치와 원칙들을 스스로에게 모순되지 않도록 최선을 다해 따르며 사는 것이다. 정직한 행동들을 높이 평가하지 않고, 정직하지 않아도 크게 문제되지 않는 사회는, 그 자체로 생존을 위협받을 수 있다. 가끔은 사회가 정직하지 않게 하는 데 제일 앞장서기도 한다.

개인과 사회

사회는 무엇보다 생존과 영속의 문제에 가장 신경을 쓴다. 그래서 사회 구성원들, 즉 각각의 개인을 고려하지 않고, 사회의 가치들을 장려하는 경향이 있다.

예를 들어 강력한 군국주의에 의거해 건립되어 다른 나라들과 대립 관계를 유지하는 국가가 있다고 하자. 이 국가는 공격성, 고통에 대한 냉담함, 권위에 대한 절대적 복종, 희생 의식과 같이 전쟁에서 강력한 힘이 되는 가치들을 가장 중요시할 것이다. 반대로 어떤 국가들은 관용, 연대의식, 협력의 가치를 기반으로 세워질 수도 있다.

또는 많은 인구수와 급속한 성장에 관심을 갖는 사회가 있을 수 있다. 이러한 사회는 여성들에게 가장 가치 있는 것은 출산이며 이것이 진정한 여성성이라고 생각한다. 그런데 이와 다른 방식으로 자신의 삶을 바라보는 여성이 있을 수 있다. 그녀는 자기 자신의 삶을 사회의 틀에 맞춰 판단하지 않으며, 여성으로서의 삶도 그녀의 어머니나 다른 여성들의 삶과 아주 다르게 이해할 수 있을 것이다. 또한 출산에도 무관심하거나 그것을 미루거나 거부할 가능성도 있다.

이처럼 주어진 사회 속에서 사는 개인은 사회 환경이 우선시하는 가치들과 가족 구성원들이나 정치적 지도자, 교사, 신문, 기타 미디어가 전달하는 가치들을 중요하게 생각하는 경향이 있다. 이런 가치들은 개인의 욕구들과 일맥상통할 수도 있고, 그렇지 않을 수도 있다.

그런데 우리가 곰곰이 생각해보거나 문제 삼아 본 적이 단 한 번도 없는 사회규범들에 순응하면서도 진정한 자존감을 갖는 게 정말 가능할까? 바로 이것이 자존감에 대해 깊이 고민하다 보면 제기될 수밖에 없는 문제다.

사실 한 무리에 소속되어 그 무리의 평균적인 가치들을 따르며 사는 게 안전하다. 그런데 만약 무리 속 가치들이 나의 생각과 맞지 않는다는 것을 깨닫게 되었을 때, 그럼에도 무리에 소속됨으로써 느끼는 안정감이나 안락함을 포기하는 것이 결코 쉽지 않을 때, 우리는 어떻게 해야 할까?

이 문제의 대답은 단순하지 않다. 그렇다면 현재와 과거 역사를 참조해보는 것이 도움이 될 수도 있다. 인간적으로는 도저히 용인할 수 없는 가치들을 권하는 사회와 그런 가치들에 순응하는 사람들의 극단적인 사례들을 발견할 수도 있다. 반대로 목숨을 걸고 이를 거부하는 사람들을 찾아볼 수 있다. 자기 자신의 인격을 믿고 따르는 것, 자신의 정신, 판단, 가치, 신념을 존중하며 사는 것은 용기의 궁극적인 행위일 것이다. 이처럼 받아들일 수 없는 것에 대한 거부, 그리고 쉽지 않은 용기의 진정한 원동력이 바로 자존감이다.

자존감과 자주정신

본래 사회는 그 사회를 세우는 전제들에 대해 문제 제기를 권장하지 않는다. 예를 들어 현재의 우리 사회는 시장의 법칙, 성장 최우선 정책, 점점 더 늘어나는 생산과 소비의 필요성, 자유경쟁 원칙, 위험조정할인율, 모든 노동의 화폐화 등 재검토하기에는 어려움이 따르는 여러 전제들을 근거로 세워졌다. 의식하며 삶을 살 때 나타나는 태도들 중 하나는 사회가 전달하는 신념들이 절 대로 최후의 진실이 아니라는 것을 이해한다는 것이다.

그렇다고 의식하며 산다는 것이 영원히 회의주의적으로 산다 는 것을 의미하지는 않는다. 강제된 것을 생각 없이 따르지 않는 비판적 사고 능력을 가지고 사는 것을 뜻한다. 이기주의적이거나 개인주의적인 삶을 말하는 것도 아니다. 사회가 제시한 가치들과 모순적이더라도 그것이 무엇인지 확인하고 살아가는 것이다. 그 러할 때 우리 사회의 가치들을 명명백백하게, 하지만 의식적으로 수용할 수 있다.

자존감과 여성들

여성이 건강한 자존감을 투쟁하지 않고 자연스럽게 발전시킬 수 있는 사회는 드물다. 성적 평등이 인정된 사회에서조차 여성 은 항상 남성의 우세를 예찬하는 '가치'들에 맞서 싸우면서 자신 들의 여성성, 능력, 차이들을 표명해야 한다.

여성이 남성의 소유물 또는 잠재적 재산으로만 인식되는 문화도 있다. 그리고 단지 여성이라는 이유로 매우 엄격한 규칙을 강제하는 문화도 있다. 여성에게는 생각하고 행동할 자유, 개체성을 주장할 자유가 영원히 억압되는 사회도 있으며, 여성이 모든 계획과 관련해 오로지 남성의 기대와 요구에 복종해야 하는 사회도 있다.

이러한 사회적 환경 속에서 여성은 아주 어린 소녀 시절부터 심각한 자존감 상실 문제로 큰 고통을 겪는다. 따라서 이러한 사회의 여성들은 자존감을 건강하게 발달시키고 인격적으로도 균형 있게 설 수 있도록 특별한 주의가 필요하다.

자존감 발달에 대한 사회적 역할

우리는 사회 전체가 정치체제와 관련해 다음과 같은 딜레마에 봉착했다는 것을 알 수 있다. 소수의 지도자들이 교육과 미디어 및 기타 수단들을 통해 강요하는 가치들을 쉽게 받아들이는 시민들이 필요한가? 아니면 시민들이 스스로 생각할 수 있고 강제된 가치들에 문제를 제기하고 '아니오'라고 말할 수 있음을 인정해야 하는가?

모든 사회는 그 사회의 기초가 되는 개인의 자존감 발달을 중요시함으로써 얻는 게 많을 것이다. 물론 정치인들은 권력을 잃을 것이고, 전보다 그들의 지위를 이용할 수 없는 참여민주주의의 다양한 모습들을 받아들여야 할 것이다. 하지만 학업 실패, 청소년 폭력과 비행, 가정 폭력, 사기, 개인 간의 연대감 상실, 지역 사회 간의 존중 부족 등 그동안 사회를 갉아먹던 많은 문제들이 해결될 것이며, 최소한 개선될 것이다.

사회와 구성원들의 자존감 발달은 정치적 결정에서부터 시작되어야 하며, 가정과 학교, 사회의 모든 환경을 통해 실행되어야 한다. 이를 위해서는 정치인 자신들부터 자존감이 건강해야 하지만 현실은 그렇지 않다. 많은 정치인들이 그들 자신의 손상된 자존감을 보완하기 위해서 권력을 추구하고 있다.

철학과 종교의 영향

자존감의 근원을 찾는 과정에 들어서면 먼저 기독교, 유대교, 이슬람교, 불교 등과 같은 종교와 마르크스주의나 유학 같은 철학 체계들을 발견하게 된다. 그렇다면 이런 철학 체계와 종교가 자존감이 발달하는 데 영향을 미칠까? 만약 그렇다고 한다면 어떤 역할을 담당하는 걸까?

접근하기가 까다로운 주제라서 종교적인 측면에서 강한 반발

이 발생할 수 있다. 한쪽에서 일부 사람들은 자존감과 그들의 종교적 가르침 사이에는 상충되는 점이 없다고 한다. 또 다른 쪽에서는 종교가 어린 시절부터 규칙과 원칙, 행동, 생각하는 방식 등을 따르게 하기 때문에 건강한 자존감 발달에 상당한 악영향을 미친다고 한다. 그리고 어떤 종교 운동들은 학교에서 자존감 수업을 도입하지 못하도록 방해하기도 한다. 자존감 발달이 그들 종교의 원칙들과 모순된다고 생각하기 때문이다.

역사를 통해 본 종교와 자존감의 관계

시대를 조금 거슬러 올라가보자. 시대를 초월해 종교가 국가나 정부의 중요한 기둥이었을 때 자존감은 처벌의 대상이었다. 남성들과 여성들이 그들 자신이 누구이며 무엇을 믿는지 생각하고 표현했다는 명목으로 고문을 당하고 처형을 당했다. 이런 상황은 현대사회에서도 일부 국가에서 여전히 시행되고 있다. 종교와 국가의 분리가 무엇보다 중요한 이유다. 자존감은 종교 단체가 다르게 생각하고 믿는 사람들을 박해하기 위해 정부의 장치들을 사용하는 데 방해가 된다.

종교가 한 사회 안에서 유일한 사고방식과 삶의 방식으로 강요될 때, 그 종교를 믿는 사람들은 의식하며 살아가는 사람들과 책임감을 느끼는 사람들, 그리고 다르게 생각하는 사람들을 반종교적 성향을 전파할 위험이 있는 위협적인 존재로 받아들인다. 성경이나 코란 같은 경전들을 보면 종교적 믿음을 가진 사람들이 특히나 믿지 않는 사람들이나 '다른' 믿음을 가진 사람들에게 폭력적인 것을 찾아볼 수 있다.

물론 비종교 체계들도 기존의 종교들처럼 자존감을 철저히 제거해야 하는 유해물로 여기고 차이를 거부하는 특징을 보이는 경우가 있다. 이런 사례들은 유일 정당이나 개인을 숭배하는 전제 정치 등 수없이 많으며, 끊임없이 재생산되고 있다.

자존감과 모순되는 종교적 요소들

개인적 접근과 차이의 존중을 중시하는 자존감은 종교나 고정적 사고 체계와 양립하는 경우가 많다. 예를 들어 만약 우리가 아이들에게 다음과 같이 가르친다면 자존감과 모순된다.

- 종교를 믿는 것으로 충분하며, 주체적으로 생각할 필요가 없다고 가르칠 때
- 신부, 승려, 목사, 물라(이슬람교에서의 종교학자나 성직자), 랍비, 도사, 당 서기의 말을 믿고 그들의 권력에 복종하는 것이 도덕성

의 기초라고 가르칠 때

- 만약 우리에게 가치가 있다면 그것은 우리가 잘해서가 아니라 성직자나 신의 계획에 참여하기 때문이라고 가르칠 때
- 성직자나 신의 계획을 위해 자신을 희생하는 것이 가장 위대한 미덕이며 숭고한 과제라고 가르칠 때

위와 같은 내용으로 아이들을 가르친다면 자존감이 조화롭게 발달하는 데 상당한 어려움을 겪을 것이다.

죄책감과 자존감

죄의식의 본질은 "다르게 했어야 하는데, 다르게 할 수 있었는데 내가 잘못한 거야."라는 식으로 자기 자신을 도덕적으로 비난하는 것이다. 자존감이 손상되었을 때 나타나는 현상이다. 한편으로 죄책감은 자존감이 건강하다는 것을 말해주는 것일 수도 있다. 왜냐하면 개인적 가치에 반하는 행동을 했다는 것을 알고 있고, 이 행동에 책임이 있다고 판단하며, 개인적 정직성을 저버렸다고 생각하기 때문이다.

아동과 청소년에게 죄책감에서 어떻게 벗어나는지 가르쳐주는 것은 중요하다. 물론 성인에게도 마찬가지다. 다음과 같은 과

정을 통해 죄책감에서 벗어날 수 있을 것이다.

- 이 특별한 행동을 한 사람이 바로 나라는 사실을 받아들인다. 다시 말해 내가 무엇을 했는지 충분히 자각하고, 이에 대한 책임감을 갖는다.
- 내가 왜 그런 행동을 했는지 변명하지 않고 객관적이고 정확하게 이해하려고 한다.
- 만약 다른 사람들이 연루되어 피해를 입었다면 내가 그들에게 했던 잘못을 솔직하게 인정하고, 그들이 감내할 수밖에 없었던 나의 잘못을 최소화하거나 이에 대해 사죄하기 위해 필요한 모든 행동들을 시작한다.
- 미래에는 다르게 행동할 것을 목표로 세운다.

일부 종교들의 문제는 우리에게는 아무 책임이 없는 부분에 죄의식을 덧씌운다는 것이다. 특히 원죄에 대한 개념을 통해 우리가 비난받을 만한 특별한 행동을 하지 않았을 때도 죄의식을 심어준다. 원죄라는 죄의식은 이 세상에 태어났을 때부터 가지고 있는 것으로, 우리에게는 무구無垢 상태가 될 가능성도, 선택의 자유도, 다른 도리도 없다.

책임 없는 죄의식의 개념 자체는 믿음의 교리이지 실재가 아니다. 이런 죄의식을 아이에게 우리가 문제 제기를 할 수 없는 자명한 이치로 강요하는 것은 형성 중인 자존감의 기초들을 무너뜨린다. 그런 반면 일단 자존감을 구축한 성인의 경우라면 종교와 관련된 죄책감을 온전히 받아들이기는 어려울 것이다.

믿음과 자존감

만약 종교나 철학 체계가 개인의 건강한 자존감 형성과 상충될 수 있다면, 반대로 개인에게 그 무엇과도 비교할 수 없는 힘과 원동력을 발생시킬 수도 있을 것이다. '믿는다'는 것은 개인이 성숙해질 수 있도록 도우며, 자신감을 강화시키고, 엄청난 에너지를 준다. 그리고 추진력을 주고 정직하게 행동할 수 있게 도와줌으로써 건강한 자존감이 생성될 수 있게 한다.

종교와 철학 체계들이 미칠 수 있는 파괴적 영향들과 그로부터 생성될 수 있는 모든 이점들 사이에서 균형을 지킬 수 있는 것은 아마도 처음에는 외부의 강요로 시작되었던 믿음을 내면화했기 때문일 것이다.

본질적 욕구이자
권리인 자존감

자존감과 상당히 닮은 도道가 어떻게 정의되는지 한번 들여다
다보자.

너의 내면의 힘에 의한 것, 너여야 하는 바로 그것이다.

나쁘지도, 좋지도 않느니라. 작지도 크지도, 낮지도 높지도 않느
니라. 이것이 실제로 네가 될 상태다.

네가 모든 겉치레, 모든 탐욕, 모든 욕망으로부터 자유로울 때,
너는 움직이고 있다는 것을 의식조차 못한 채 네 고유한 추진력
에 의해 이끌려갈 것이다.

방해받지 않고 자유로이 움직이는 유일하고 진정한 삶의 원칙
역시 어색하지 않을 것이며, 네 위의 이 작은 구름이 흩어지듯
의식하지 못할 것이다.

자연스럽고 본질적인 욕구

자존감은 인간의 본질적인 욕구다. 우리 자신의 가치에 대한 자각과 연관되어 있기 때문이다. 동물들은 자기 가치를 자각할 수 없다. 인간이라는 존재는 자신에게 질문들을 던질 수 있다. 이 질문들 역시 동물들은 스스로 할 수 없는 것들이다.

- 나의 정체성, 내가 누구인지에 대하여
- 나의 자질과 결점, 나의 힘과 한계에 대하여
- 자기애, 애타심, 그리고 타인에게 받는 사랑에 대하여. 내게 결점 과 한계가 있어도 나 자신을 사랑하는가? 나는 타인을 사랑할 수 있는가? 나는 나 자신을 사랑받아 마땅하다고 생각하는가?

- 무리나 사회, 문화에서의 소속감에 대하여
- 이러저러한 활동을 추구하기 위한 능력에 대하여. 나에게 발전 가능성과 성취할 수 있는 행동들이 있다고 확신하는가?
- 숙고할 수 있는 능력에 대하여
- 내가 실행하고자 하는 가치에 대하여
- 나의 행복 추구에 대하여. 나는 정말로 내가 원하는 대로 살고 있는가?
- 우리의 이상과 실제 활동 사이의 일치성(정직성)에 대하여

만약 인간의 본질적인 목표가 다음과 같다면, 존속 가치가 있는 자존감은 필수적이다.

- 정상적이고 조화롭게 성장하는 것
- 불필요한 고통 없이 사는 것(고통을 피하고 예방하는 능력)
- 삶의 주요한 돌발 상황들에 대처할 줄 아는 것(적절하고 건강한 적응력을 갖는 것)
- 자립적으로 자신을 돌볼 수 있는 것
- 안정된 인간관계와 애정 관계를 갖는 것
- 목표와 열망을 끝까지 밀고 나갈 줄 아는 것
- 행복을 추구하는 것

스스로 행복한 아이로 키우는 진짜 자존감

반대로 자존감이 불완전하면 우리의 삶 전체에 영향을 끼칠 행동적 무질서가 나타날 위험이 있다.

자존감과 사회적 욕구

우리는 원하든 원하지 않든 주어진 사회 속에서 산다. 부모의 사회도 아니며 선조들의 사회도 아니다. 우리는 이 사회에 참여하고, 사회는 우리에게 영향을 준다. 그렇다면 건강한 자존감을 가지고 이 사회 속에서 우리에게 꼭 맞는 자리를 어떻게 찾을 수 있을까?

개인적 욕구 실현

사회적 환경 속에서 우리는 이전 세대들보다 더 자유롭다. 그리고 윤리법과 삶의 방식, 철학 사상, 우리의 가치를 선택하는 데도 더 자유롭다. 우리는 더 이상 부모나 문화적 환경에 의해 강요된 전통을 따르지 않는다. 적어도 의식적으로는 그렇다.

우리는 더 많은 선택 사양을 가지고 있고 더 많은 가능성이 있다. 그리고 욕망도 더 많으며 유혹도 더 많고, 미디어나 광고의 영향으로 이렇게 행동하라거나 저렇게 생각하라고 부추기는 것도 많다.

그럼에도 우리는 이런 환경에 적응하고, 강제적인 상황에 휩쓸리지 않고 적절하게 대응하기 위해 개인적인 자립 욕구를 훨씬 더 많이 갖고 있다. 우리는 자신이 누구인지 알고, 우리 자신에게 맞추어 살아갈 필요가 있다. 그리고 우리에게 가치 있는 것이 무엇인지도 알아야 한다. 이런 자각을 하지 않으면 외부의 가치들 때문에 우왕좌왕하게 될지 모르며 우리가 원하지도 않는 방식과 되고 싶은 것과는 아무 관련이 없는 목표들을 따라야 할지도 모른다.

그렇기 때문에 우리는 스스로 생각하고 자신의 능력을 키우며, 우리의 삶을 이루는 선택과 가치, 행동에 책임을 지는 법을 배워야 한다. 간단히 말하자면 우리의 자존감을 키워야 한다.

그런데 이게 너무 어려운 일이다. 자존감을 추구하는 것이 자녀와 부모, 모두에게 비현실적인 것 같다. 부모로서 우리는 많은 아동과 청소년들을 보면서 매우 걱정스럽다. 아이들은 의기소침하고 자기 자신의 모습을 불편해하고 우울해한다. 그리고 끊임없이 스스로의 가치를 낮게 평가하며 충동적이고 파괴적이며 폭력적인 행동에 빠져든다.

유권자와 시청자를 찾아 나서는 정치인들과 미디어는 우리에게 훼손된 부모의 이미지 혹은 부모의 무능력을 너무 자주 제시한다. 그로 말미암아 부모들은 학업 실패, 높은 자살률과 청소년들의 폭력, 부적응, 가치 부족에 책임을 느낀다.

이 같은 외부 압력 때문에 개인의 자리는 사회 속에서 뿌리째 흔들리며 위협을 받고 있다. 우리는 유행과 조작의 먹잇감이 된다. 그리고 '아니오'라고 말하지 못하는 줏대 없는 사람이 된다. 우리는 스스로를 비난하고 우리가 살고 있는 사회의 좌절에 책임을 느낀다.

만약 우리가 조작과 유행을 그대로 따르지 않고 자각하며, 정직하고 책임감 있게 살고 싶다면 우리에게는 더 강한 자존감이 필요하다.

사회 통합 도구로서의 자존감

낮은 자존감은 모든 사회적 관계에 방해가 된다. 면접을 보거나 회사에서 의사를 결정하는 등의 일적인 관계에서, 사랑하는 상대를 유혹해야 하는 애정 관계에서, 타인이나 무리에 쉽게 동화되어야 하는 우정 관계에서도 마찬가지다.

자존감이 낮으면 사는 게 재미없고 권태롭다. 그리고 나 자신이 다른 사람들에게 전혀 도움이 안 되는 보잘것없는 존재처럼 느껴진다. 또한 아무도 나에게 관심이 없고, 지속적으로 인간관계를 맺을 기회조차 없다고 생각한다. 이런 사회적 자기 비하의 악순환에 빠진 탓에 타인과의 관계가 어렵게 되고 때로는 공격적으로 대응한다.

사회에 조화롭게 동화하는 데 어려움을 겪는 것은 유아기와 청소년기에 자존감이 제대로 형성되지 않아 삶 전체에 악영향을 미치고 있기 때문이다. 우리는 사회적 존재다. 타인과의 상호작용이 필수적이다.

우리의 일상 속에서 자존감을 기초로 한 '나비 효과'는 수없이 발견할 수 있을 것이다. 만약 성인인 당신이 어느 날 낮에 상사에게 모욕을 당했다고 하자. 그러면 저녁에 그 괴로움을 감당해야 하는 대상은 아마 당신의 자녀들일 것이다. 만약 당신의 자녀가 교사에게 망신을 당하거나 벌을 받았다면, 아마 가족 모두가 그 고통의 무게를 감당해야 할 것이다.

반면 당신이 자존감이 높은 사람이라면 가족관계, 우정, 애정관계에서 균형을 유지하기가 훨씬 수월하다. 당신 자신의 욕구와 감정을 존중하면서 동시에 다른 사람의 욕구와 감정 역시 충분히 존중할 수 있기 때문이다. 그 결과 당신을 둘러싼 세상은 훨씬 더 좋아질 것이다.

우리 사회를 지탱하는 자존감

우리의 사회적 행동을 살피고 연구하는 전문가들의 의견에 따르면, 자존감 상실의 문제는 우리 시대의 무질서에 그 뿌리를 두고 있는 듯하다. 사회는 정치적 무질서, 사회적 무질서, 인간의 무질서 등 온갖 무질서로 가득 차 있다.

먼저 자존감은 민주주의의 기초다. 민주주의는 부당한 권력에 반대할 수 있고, 인간의 권리와 존엄을 요구할 수 있다는 것을 절실히 깨닫는 사람들만이 실행할 수 있다. 인간의 권리와 존엄을 요구하려면 건강하고 강한 자존감이 절대적으로 필요하다. 그 예로 1989년 중국 베이징 천안문 사태에서 탱크 앞에 홀로 섰던 남성의 모습은 지금까지도 우리의 뇌리에 남아 있다.

전제적 권력은 자존감이 강한 사람들을 싫어하고, 다루기 쉽고 연약하며 조종할 수 있고 줏대 없이 부화뇌동하는 사람들을 더 좋아한다. 이런 사람들은 자각하는 힘이 약하다. 역사는 이런 사례를 수도 없이 보여준다.

다음으로 자존감과 우리 사회가 직면한 두 가지 문제 사이에는 연관성이 있다. 바로 무기력과 폭력이다. 한쪽에서는 "해봐야 무슨 소용이야. 나는 아무것도 하기 싫어."라는 무기력이 자리하고, 또 다른 한쪽에서는 "나는 부당거나 파괴적이라고 생각하는 체제에 반대하기 위해 폭력을 사용할 수밖에 없어."라는 폭력이 자리하고 있다.

두 가지 행동의 뿌리는 사회를 형성하고 있는 시민들의 자존감이 결여된 데서 찾을 수 있다. 자존감이 망가져 있다는 것은 우리의 침묵을 강요하는 폭정의 명령일지라도 그 '명령'에 따를 준비가 되었다는 의미다. 또는 우리 존재의 유일한 증거를 체제에 반대하는 행위를 통해서만 발견할 수 있다는 뜻이다. 그 행위가 비록 폭력으로 치달을지라도 말이다.

따라서 인간의 건강한 자존감이야말로 '인간다운' 삶을 살게 한다. 다시 말해 체념한 채 끌려 다니거나 절망적으로 폭력을 행사하지 않고, 자기 자신과 타인을 존중하면서 살 수 있다.

자존감이 가장 먼저 형성되는 곳이 가정과 학교인 것도 사실이지만, 사회를 구성하는 개인의 자존감 수준에 영향을 주는 것도 바로 사회와 세계 전체임을 인정해야 한다. 권력, 지배와 복종, 압력으로 이루어지는 관계는 학대자와 피해자 간의 의존 관계를 만들어낼 뿐이다. 이는 건강한 자존감과는 완전히 반대된다.

: 자존감에 대한 권리

앨리스 밀러Alice Miller는 유아기의 학대와 굴욕에 대한 연구로 유명한 아동심리학자다. 그녀는 자존감을 통해 인간의 중요한 욕구들을 강조한다. 그런데 이 욕구들은 오늘날에도 수많은 부모들과 교사들에게 계속 조롱당하고 있으며, 많은 사회와 문화 속에서 거부당하고 있다. 앨리스 밀러는 히틀러가 그를 자신의 분신처럼 여기는 어머니, 폭력을 휘두르는 가학적인 아버지 밑에서 자라면서 타인을 향한 증오와 적개심을 품게 되었을 것이라고 한다. 그는 원래부터 괴물로 태어난 것이 아니며, 그의 잔인함은 그런 성장 배경에서 큰 영향을 받았다는 것이다. 그녀는 오늘날 환경이 성인들을 희생자 또는 학대자, 무기력하거나 폭력적인 존재로 만들어감으로써, 각각의 인간이 자존감을 가질 권리가 지나치게 비하되거나 거부되고 있다고 주장한다.

미국의 한 연구에 따르면, 정부와 국가를 고통스럽게 하는 대부분의 고통은 개인과 집단의 자존감 부족과 관련되어 있다고 한다. 사회를 망가뜨리는 개인으로 말미암아 사회 자체의 자존감 역시 크게 손상된다.

일부 전문가들[*]에 따르면 하나의 개체로서의 대기업과 다국적 기업들은 사이코패스가 하는 행동들을 모두 하고 있다.

- 타인의 감정을 철저히 무시한다.
- 지속적인 관계를 유지할 수 없다.
- 타인의 안전에 대한 범죄에 무관심하다.
- 자신의 목적을 달성하기 위해 위장하고, 반복적으로 거짓말을 하며, 부정행위를 한다.
- 죄의식이 없다.
- 법을 존중하지 않으며, 법을 지키려고도 하지 않는다.

자존감과 경제적 욕구

자존감의 정신적 욕구와 사회적 욕구는 현재 인정되고 있으며, 경제적 욕구의 중요성 역시 점점 드러나고 있다. 업무를 관리하고 기술을 향상시키기 위한 법이나 지침 같은 모든 노력들은 현재 한계에 다다랐다. 오늘날 비즈니스의 진정한 도전은 행동이다. 피고용자들은 그 어떤 기술이나 법도 대신할 수 없는 인간만

---

[*] 특히 제니퍼 애봇(Jennifer Abbott)과 마크 아흐바(Mark Achbar)가 제작한 캐나다 다큐멘터리 〈기업(The Corporation)〉을 참고하라.

의 자질을 사용해야 한다. 인간의 자질이란 물론 자존감과 연관되어 있다. 오늘날 기업들은 직원들에게 대단한 수준의 지식과 능력을 요구할 뿐만 아니라 사고의 독립성, 행동의 자립성, 책임감, 자신의 가능성에 대한 신뢰, 솔선수범, 타인 존중 등의 인간적 자질들, 한마디로 자존감을 필요로 한다.

마찬가지로 경제가 무너지면 인간의 자존감에 심각한 악영향을 준다는 사실 역시 주목할 수 있다. 실직자가 되거나 갑작스레 해고되어 경제적으로 힘든 굴레에 빠지거나 나이가 너무 많아 소외되면, 자존감을 건강하게 관리하기가 어렵다.

자존감과 건강의 문제

심리학자나 정신과 의사, 정신분석학자처럼 정신 건강을 담당하는 전문가들은 그들을 찾아오는 대부분의 성인들의 문제는 특히 유아기와 청소년기에 겪었던 일들로 자존감이 낮은 데서 기인한다고 생각한다. 그들이 가진 문제들은 다음과 같다.

- 삶과 조화를 이루지 못하고, 삶을 충분히 누리지 못한다는 느낌
- 죄책감, 수치심, 열등감

- 불안감, 공포감

- 자기수용 부족, 자신감과 자기애 부족

- 폭력적 성향, 배우자와 자녀 학대

- 직장에서의 무능

- 음주와 약물 중독, 우울증, 자살

- 심각한 성적 문제, 감정적 미성숙함, 친밀한 교제에 대한 두려움

낮은 자존감 치유하기

건강과 자존감의 관계에 대해 간략하게 조금 더 살펴보자. 어떤 연구원들은 심한 스트레스가 자존감이 낮은 상태와 관련이 있다고 생각한다. 심각한 스트레스에 지속적으로 시달려 자존감이 낮아지는 경우, 면역 체계의 균형이 깨지고 궤양에서부터 암까지 다양한 질병을 일으킬 수 있다고 한다.

따라서 현대사회에서 낮은 자존감은 건강과 관련하여 정말 심각한 문제로 인식해야 한다. 의학 본래의 의미로 자존감이 낮은 사람들의 상당수를 치유한다는 것은 부모와 교사, 교육자, 정신건강 분야 종사자들은 물론 정치인들을 위한 도전이다. 낮은 자존감은 유아기와 청소년기에 형성되어 평생 동안 지속될 것이기 때문에, 단시간에 해결할 수 있는 과제가 아니다.

의식의 면역 체계

바이러스와 박테리아가 인간을 끊임없이 공격하는 것과 마찬가지로, 인간은 평생 동안 온갖 어려움에 시달리게 된다. 난관들에 대응하는 방식은 정신력에 따라 달라지는 경우가 많다. 어떤 사람들은 질병, 신체적·정신적 고통, 전쟁, 반복적인 실패, 사랑하는 이의 죽음 등과 같은 어마어마한 어려움을 감내한 뒤 그 고통에서 벗어난다. 또 다른 사람들은 물 잔에 담긴 물 정도의 어려움에도 그만 익사하고 만다. 왜 이렇게 차이가 나는 것일까? 개인마다 자존감의 질이 다르기 때문이다.

자존감이 낮은 사람들은 힘든 일과 선택의 기로에 섰을 때 포기하거나 도망을 가거나 그나마 이 정도니 됐다는 식으로 생각한다. 반대로 자존감이 높은 사람들은 더 인내하면서 현재의 난관을 헤쳐 나갈 수 있을 것이라고 확신한다. 이들은 어려운 상황에 대응할 수 있는 에너지를 가지고 있다.

이를 제대로 설명하기 위해 탄성에너지에 대해 이야기를 해보자. 여기에서 말하는 탄성에너지, 즉 회복력은 어려운 고비나 스트레스로 무너지지 않고 극복하는 능력을 말한다. 이 에너지는 우리 내면의 힘과 가치, 우리의 존엄에 대한 깊은 신뢰에서부터 유래한다.

자존감을 '의식의 면역 체계'라고 할 수 있는 건 바로 이런 의미에서다. 심각한 어려움이 닥쳤을 때 이 면역 체계가 저항력과 재생력을 발휘하는 것이다.

건강한 면역 체계는 절대로 병에 걸리지 않는다고 보장하지는 않지만 질병에 대응력이 있어 잘 극복하게 한다. 이와 같이 건강한 자존감은 여러분이 삶의 어려움과 직면했을 때 전혀 불안하지도 우울하지도 않는다고 보장하는 것이 아니다. 곧 지나갈 이 어려움의 과정에 대처하고 극복할 수 있도록 무장하게 해준다.

: 자존감과 중독

중독 문제는 자존감의 부족에 기인한다. 전문가들은 술과 약물, 포르노, 도박에 중독된 사람들에게 깊은 공허함과 고통을 회피하고 싶어 하는 무언의 의도가 있다고 진단한다. 중독에 빠진 사람들의 경우, 자각은 곧 적이다. 의식의 어두운 곳에서 자기 파괴가 일어난다. 자각하고, 의식하며 사는 것이 자존감의 중요한 기둥임을 잊지 말자.

자존감과 청소년들의 정신 건강

우울증이나 정신이상을 이유로 16세 미만 아동들이 처방전을 발급받은 수가 지난 10년 동안 네 배로 증가했다. 조기 불안과 우울증 및 약물 남용에 대한 향후 추세 사이에는 직접적인 관련이 있다는 게 분명한 사실이다. 불안을 야기하는 환경에서 성장한 아동들의 또 다른 증상들은 다음과 같다.

- 점점 더 늘어가는 소아·청소년 비만
- 위험하고 폭력적인 행동
- 점점 더 낮아지는 첫 음주 연령
- 점점 더 강해지는 약물 사용의 유혹

이런 증상들에 직면하면 자존감 부족 문제를 고려해야 하며 이에 적합한 예방 대책을 마련해야 할 것이다.

일부 연구원들은 자살도 낮은 자존감과 깊은 연관이 있다고 보았다. 특히 청소년들의 경우 신체적 변화, 부모와의 갈등, 학교 문제, 사회적 부적응 등 어려운 상황들이 계속 축적될 때 가장 취약한 대상이 자존감이 심각하게 낮은 아이들이라고 한다.

자존감 유지와 발달의 중요성

어떤 연령이든지 삶에서 최대한의 성과를 올리기 위해 가장 중요하고 기본적인 것이 바로 자존감을 건강하게 발달시키고 유지하는 것이다. 앞에서 살펴보았던 몇 가지 요소들을 다시 짚어보도록 하자.

먼저 아동의 경우다. 건강한 자존감과 소통 능력, 결정 능력, 새로운 것에 도전하는 능력, 적응력, 분석력, 평가 능력, 타인과 잘 지내는 능력 등은 직접적인 연관이 있다. 이처럼 자존감을 균형 있게 세워주는 것은 아이가 건강하게 성장할 수 있는 최고의 준비라고 할 수 있다.

학교 쪽에서는 아이에게 극단적으로 과도한 압력을 행사하거나 어떤 상황에서든 칭찬 일색으로 오류를 범해서는 안 될 것이며, 좋은 학업 성적 역시 건강한 자존감과 밀접한 관계가 있다는 것을 명심해야 할 것이다.

청소년의 경우, 자존감의 발달과 강화는 이 연령대를 종종 괴롭히는 수많은 행동 문제들을 예방하기 위한 모든 전략의 기초가 된다. 자존감을 건강하게 발달시키려면 아이가 자신이 세운 계획

　스스로 행복한 아이로 키우는 진짜 자존감

들을 지속적으로 성공하는 경험을 해야 한다. 운동일 수도 있고, 여가 활동일 수도 있고, 여자 친구나 학교의 또래 친구들과의 관계일 수도 있다. 이때 부모는 자녀의 성공을 적당한 거리를 두고 도와주는 것이 좋다.

성인의 경우, 자존감은 모든 삶의 측면에서 결정적인 역할을 한다. 신체적 건강, 친구들과의 관계, 연인 관계, 직업 선택, 일적인 성공, 부모로서의 자질 등이 그것이다. 인생의 매순간 우리는 자신을 들여다보며 최선의 선택을 해야 한다. 스스로에 대한 이러한 자각은 평생 동안 우리와 생사고락을 함께할 것이다.

이제 우리는 자존감이 우리를 더욱 잘 살게 한다는 것을 안다. 자존감이 강해질수록 우리는 개인적으로나 일적으로나 삶의 어려움들에 대처하기 위해 잘 무장할 수 있으며, 자아실현의 열망을 더 많이 가질 것이다. 이 열망은 꼭 직업적이거나 돈을 말하는 것이 아니다. 우리의 창의성, 감정적이고 지적인, 그리고 영적인 삶을 향한 것이다.

자존감이 낮을 때의 장단점

자존감은 우리의 인격적인 다양한 부분에 영향을 미치며 삶의 선택, 어려움에 대한 대처, 인간관계와 연인 관계, 그리고 자녀 교육 등 삶의 중요한 행위를 수행하는 데도 영향을 준다. 우리는 자존감이 낮다고 하면 무의식적으로 이에 따르는 수많은 단점들을 떠올린다. 하지만 낮은 자존감에도 장점이 있을 수 있다. 미처 생각해보지 않았겠지만 충분히 주목할 만한 사실이다.

자존감이 낮아도 성공할 수 있을까

자존감이 낮으면 무엇인가를 실질적으로 완수하는 능력에 제동이 걸린다. 그런데 어떤 사람들은 자존감에 대한 '자본'이 턱없이 부족한데도 삶 속으로 뛰어들기도 한다. 낮은 자존감 형성에 영향을 주는 요인은 다음과 같이 다양하다.

- **가정환경** 절대적 권위를 바탕으로 자녀를 교육하는 매우 엄격한 부모 밑에서 자랐을 때
- **학교** 파괴적 성향의 교사나 친구를 만났을 때
- **사회** 파괴적이고 폭력적인 환경에서 생활할 때
- **외부 사건이나 심한 충격** 가까운 이의 죽음, 전쟁, 빈곤, 자신의 성과 종교 때문에 모욕을 당할 때

그런데 이처럼 매우 어려운 환경에서 살았던 아이들 중 일부

가 강철을 담금질하듯 자존감을 발달시키기도 한다. 아마 그들에게 자존감은 신체적으로든 정신적으로든 살아남기 위한 도구이기 때문일 것이다.

건강한 자존감에 대한 착각

자존감이 낮다는 것을 숨기기 위한 외적인 성공들이 있다. 다음은 그 예들이다.

- 직업적으로 성공하지만 실패에 대한 두려움을 계속 숨기고 있을 수 있다.
- 직업적인 성공이 축적되면서 화려하게 보일 수는 있다. 하지만 내면 깊숙한 곳에서는 자신이 얼마나 비열한지 알고 있다. 자신의 성공은 타인을 짓밟음으로써 가능했기 때문이다.
- 자신은 좋은 부모이며 '자녀를 잘 키우고' 있다고 착각할 수 있다. 그런데 그것은 자녀들을 통해 부모가 긍정적으로 평가받기를 바라는 욕망이고, 그것을 충족시키기 위해 얼마나 많은 돈을 지불했는지 알기 때문이다.
- 연인으로 말미암아 내면의 실존적 공허감을 채울 수 없다는 것을 알면서도 계속해서 연애를 하거나 인기를 얻으려고 한다.

낮은 자존감의 결과들

자존감 부족이 해결되지 않는다면 삶의 순간순간마다 많은 영향을 받게 될 것이다.

- 잘못된 배우자 선택
- 우리가 발전할 수 없도록 하는 잘못된 직업 선택
- 결정하고 선택하는 것에 대한 어려움
- 금세 꺾여버리는 열망
- 장래성이 있지만 시도조차 하지 않는 아이디어들
- 성공을 만끽할 줄 모르는 것
- 파괴적인 생활습관
- 전혀 실현되지 않은 꿈들
- 만성적 불안이나 우울증
- 질병에 대한 낮은 저항력
- 약물과 술에 대한 지나친 의존
- 사랑과 칭찬으로도 채워지지 않는 갈망
- 부모를 피하고, 부모가 믿는 모든 것을 거부하며, 자기 존중이나 삶의 기쁨을 전혀 배우지 못한 자녀들
- 기나긴 패배의 연속인 것 같은 암울한 인생

스스로 행복한 아이로 키우는 진짜 자존감

자, 여기까지가 전부인 것 같다. 결론적으로 자녀에게 균형 있는 자존감을 키워주고 싶어 하는 것은 부모 자신의 자존감을 성장시킬 멋진 기회가 될 수 있다. 함께 성장하자!

낮은 자존감의 장점들

자존감이 낮은데 삶이 자꾸 힘들고 어려워진다면, 이 또한 장점이 될 수 있다.

- 우리 자신에 대해 초라한 이미지를 형성함으로써 더 많은 양보와 포기를 하게 되는데 이는 오히려 다른 사람들에게 인정을 받는 기회가 될 수 있다.
- 외부에서 보는 우리는 겸손한 모습이며, 겸손은 미덕으로 간주된다.(반대로 자존감이 강한 사람들은 오히려 허풍이 심하다며 비난을 받는 경우도 있다.)
- 자신감이 부족하기 때문에 주위 사람들에게 의견과 조언을 구할 것이다. 그 결과 더 나은 결정을 할 수 있고, 그 결과가 매우 긍정적임을 확인할 수 있다. 따라서 덜 충동적으로 행동할 것이다.
- 위험한 행동은 거의 하지 않기 때문에 갑작스러운 계획을 세우지 않는다. 그 결과 다소 무미건조한 삶을 살겠지만 갈등을 덜 겪으

면서 훨씬 안정적으로 살 것이다. 전반적으로 행복하게 살 수도 있다.

건강한 자존감의 단점들

자존감을 이루는 요소들 중 일부가 잘못 빗나가면 건강한 자존감과는 아무 관련이 없는 행동이 나타날 수 있다. 예를 들어 자존감은 자신감을 키운다. 자신감은 좋은 것이지만 자칫하면 자만, 거만, 교만, 허영, 자기도취 등으로 변한다. 그 경계는 빨리 무너져 안타까운 결과를 가져올 수 있다.

그리고 자신감은 분별없는 위험을 감행하도록 하는 기폭제가 된다. 자신감이 많은 사람들이 더 쉽게 자동차를 소유하고 음주운전을 하거나 과속으로 운전대를 잡는 경우들이 많다. 그러면서도 그들은 자신이 한 잘못과 탈선에 책임이 있다고 생각하지 않는다.

자존감을 높이는 핵심 요소인 '자신감' 역시 변질된다. 모두 달성할 수 있다는 헛된 느낌을 줄 수 있으며 비상식적으로 자신의 능력을 과신할 수 있다. 이런 사례들은 많다. 역사 속에서는 슈멩데 담Chemin des Dames에서 벌어진 아쟁쿠르Azincourt 전투가 그랬고, 경제 분야에서는 기술에는 주의를 기울이지 않은 채 최고의 투자라고 확신해 많은 자본을 투자했다가 망하는 기업들의 경우가 그렇다. 또한 권력을 잡자마자 모든 것이 허용된다고 느끼는 정치인들도 한 예다. 스포츠에서도 이런 일은 종종 일어난다.

강한 자존감은 완고함으로 빗나가기도 한다. 잘못한 게 분명할 때조차 고집을 꺾지 않는다. 상황을 다시 보고 행동 방식을 바꾸어보라면서 주위에서 좋은 의미로 조언해도 자기가 하고 싶은 대로 기어코 하고 만다. 왜냐하면 스스로 강하다고 느끼고 이 강한 힘이 모든 것을 이룰 수 있게 해준다고 믿기 때문에 현실을 깨닫기 전까지는 자기 마음대로 하는 것이다.

그러므로 자존감의 탈선 사례들을 통해서만 자존감의 경중을 판단하지 말자. 강한 자존감 때문에 파괴적 행동을 하게 되어 인격이 빗나갈 수 있다는 것도 잊지 말자.

5장

자존감,
한 걸음 더 나아가기

자존감을 높이는
실제적인 활동

우리는 앞에서 자녀들이 마주하게 될 다양한 삶의 환경 속에서 자존감을 건강하게 발달시키고 유지시키는 데 도움이 되는 요소들을 차근차근 살펴보았다. 이제는 부모와 교사, 아동과 청소년 문제를 책임지고 있는 전문가들에게 유용한 활동과 보완 방법 몇 가지를 알아보자.

성공 기억 함양하기

만약 아이가 성공하지 못할 수도 있다는 걱정 때문에 무엇인가를 시도하기를 계속 거부한다면, 그 아이는 자신이 그 무엇인가를 할 수 있다는 것을 끝끝내 알지 못할 것이다. 일반적으로 이렇게 거부하는 근원에는 과거에 벌을 받았던 '실패에 대한 기억'들이 있다.

아이는 성인들처럼 과거에 비슷한 일을 성공했던 것을 기억하기 때문에 현재의 무엇인가에 성공할 수 있다. 이것을 '성공 기억'이라고 부른다.

성공이라는 것이 수학 시험에서 1등을 한다거나 300명의 관중 앞에서 바이올린 연주에 성공하는 것처럼 꼭 대단한 것들은 아니다. 잘해냈다는 강한 느낌을 주는 사소한 모든 것들과 아주 작은 승리들이지만 아이 입장에서는 대단한 승리로 느껴지는 것일 수 있다. 자전거를 처음으로 타던 순간, 자기보다 배드민턴을 잘 치는 사람에게 이길 뻔했을 때 등이 바로 그렇다.

반대로 어떤 부모들과 교사들은 잘했을 때보다 잘못했을 때를 더 부각시켜 성공이 '정상'이고 실패는 '비정상'이라는 생각을 주입시킨다. 게다가 자랑하는 것은 좋지 않다거나 아이들에게 겸손을 가르쳐야 한다는 도덕적 개념을 덧붙일 때도 있다. 이처럼 성공을 인정하지 않는 것은 아이의 자존감과 자신감을 성장시키지도 못하고 뿌리를 잘 내리게 하지도 못한다.

그 결과 아이는 심리학자들이 말하는 '가면 증후군'처럼 모든 것을 운이라고 생각하고 실력을 들킬까 봐 불안해할 수 있다. 더 나아가 자신은 성공할 능력이 없기 때문에 실패가 정상이며 모든 성공은 비정상이고, 혹시 성공하게 되면 우연이나 외부 개입에 의한 것이라고 생각한다.

아이가 과거에 성공했던 기억을 지속적으로 떠올리게 도와줄 수 있는 사람은 부모와 교사다. 때로는 아이가 성공할 수 있도록 기회들을 만들어내거나 포착해야 한다. 성인들처럼 아이들도 모두 자기 자신의 성공에 대해 이야기하고 싶어 하지만 그렇게 할 기회가 딱히 없기 때문이다. 현재의 행동과 과거의 성공 사이의 연관성을 만들어내는 것으로 아이는 더 큰 자신감을 가지고 새로운 것에 용기 있게 접근할 수 있다. 주의할 것은, 모든 것이 그렇듯 아이의 성공과 그 성공에 대한 인정에는 공정한 조치가 있어야 한다. 그리고 아이에게 의미 있는 성공이어야 한다.

아이가 부각되도록 도와주기

다른 사람에게 '보이지 않는' 존재가 되는 불쾌감은 어떤 사람이 느낄까? 우리는 무언가에 참여하고 무언가를 내세울 수 있지만 우리가 존재하지 않는 것처럼 우리가 말하고 생각하고 느끼고 행동하는 것에 아무도 관심 갖지 않을 수 있음을 잘 안다. 많은 아이들이 집과 학교에서 부모와 교사에게 자신들이 보이지 않는 존재라는 생각이 들 때 흔히 느끼는 감정이다. 그렇기 때문에 긍정

적인 방식으로 아이가 다른 사람들처럼 '보이도록' 도와주는 것이 중요하다. 이 심리적 '가시성'은 자존감을 발달시키기 위해 매우 중요하며, 아동이나 청소년이 불안하거나 파괴적인 행동을 하지 않도록 하기 위해서도 중요하다. 아이들은 참여하고 싶지 않아서 무리에서 자발적으로 소외되기를 선택하거나, 주목받기 위해서 자신과 타인에게 폭력적인 행동을 할 수 있다. 그리고 인정받고 싶은 마음에 의심쩍은 집단에 들어가기도 한다.

아이를 '보이게' 하기 위한 다양한 방법들은 다음과 같다.*

아이에게 꾸준히 과거의 성공을 떠올리게 하기

위에서 언급했던 '성공의 기억'도 아이를 부각시키는 데 도움이 된다. 이런저런 성공들을 눈에 보이는 형태로 적어놓을 방법을 찾아보자. 예를 들어 '성공 칠판', '성공 상자', '성공 서류' 등을

*
존 피어슨, 《창의적 마음 그리기: 사고력, 언어, 자존감 훈련》 중에서

만들어보고, 아이가 힘들거나 어려움에 봉착했을 때 이 앞에 가서 내용을 보게 하면 좋을 것이다.

: 우리는 모두 주목받기를 원한다

아이와 문제가 생겼을 때 아이가 하고 싶은 것이 무엇인지, 정말로 좋아하는 것은 무엇인지를 우리가 알고 있다는 것을 검토해야 한다. 그리고 아주 구체적으로 당신이 그것을 알고 있다는 사실을 아이에게 이해시켜야 한다. 어떤 부모들은 이런 상황에서 "사랑해, 내 새끼."라는 등 아무 말이나 해버린다. 하지만 "햄스터 키우는 것 잘 되어가니?"라거나 "페르시아의 왕자 게임은 어느 단계까지 달성했어?"라고 묻는다면, 당신은 자녀를 잘 알고 있다는 증거다. 우리는 모두 주목받고 싶어 한다.

자녀에게 어떤 점을 높이 평가하는지 말하기

생일처럼 특별한 날이나 아이가 힘든 상황에 있을 때 부모나 가족 구성원들이 아이에 대해 좋게 생각하는 것을 말하거나 글로 적은 것을 아이에게 전달해보자. 이를 통해 아이는 가족들이 자신은 생각지도 못했던 부분들을 주목하고, 좋게 생각하며, 존중한다는 것을 확인할 것이다. 이 경험은 아이에게 큰 힘이 된다.

자녀가 흥미를 가진 분야에 대해 가르쳐달라고 하기

예를 들어 아이가 듣는 음악이 싫더라도 당신이 그 음악에 정말 관심이 있는 것처럼 아이에게 계속 그 음악에 대한 이야기를 해달라고 한다. 그런 식으로 부모 입장에서는 별 볼 일 없는 주제에 잠깐씩이라도 흥미가 있는 것처럼 행동하면 아이가 자신의 존재감을 느낀다. 나중에는 정말로 재밌어질 수도 있다.

아이에게 분명하고 건설적인 인정의 신호 보내기

자녀의 행동을 '인정하는' 다양하고 긍정적인 방법들에 대해서는 뒤(272쪽)에서 자세히 살펴보도록 하자.

자녀가 긍정 목록을 만들도록 도와주기

아이가 몸과 마음에 여유가 있는 날, 아이에게 다음과 같은 네 가지의 목록을 차근차근 적어보자고 하자.

• 우선 아이에게 종이를 준비한 뒤 '즐거워서' 하는 모든 것들을 적어보라고 한다.(작성을 대신 해줘도 된다.) 대체로 사람들은 자신이 즐거워서 하는 것에 대해 막연하게 생각한다. 하지만 구체적으로 목록을 작성해보면 더 정확하게 보인다. 어떤 아이들에게는 이렇게 목록을 쓰는 것이 어려울 것이다. '먹기, 수영하기, 잠자기'처럼 간단하게 몇 가지만 적을 수도 있다. 그러나 시간이 차차 흐르

면서 목록은 점점 길어지고 구체화된다. '나는 먹는 것이 좋다, 수영하는 것이 좋다, 자전거 타는 것이 좋다, 숙제를 다 하고 나서 텔레비전을 보는 게 좋다, 곤충을 수집하는 것이 좋다, 돌차기 놀이를 하는 것이 좋다, 지도책을 한 장 한 장 넘기는 것이 좋다, 캐러멜을 먹는 것이 좋다', 이런 식으로 말이다. 이런 자각은 아이에게 삶 속에서 자신을 즐겁게 하는 것들을 더 많이 경험하게 하고, 기쁨을 느낄 수 있는 더 기발한 방법들을 찾게 해준다. 그리고 즐겁지 않은 활동들을 재미있는 것으로 바꾸는 데도 도움이 된다. 원래 우리가 하는 모든 것에는 더 재미있게 할 수 있는 구체적인 방법들이 존재한다.

- 다음으로, 아이에게 두 번째 목록을 작성하게 한다. 아이가 '잘할 줄' 아는 것에 대해 가장 단순한 것에서부터 복잡하고, 섬세하고, 평상시에는 그다지 하지 않는 것들까지도 모두 적도록 한다. 이것도 역시 처음에는 어려울 것이다. 그러므로 평소에 하던 크고 작은 활동들 중에 아이가 잘하는 것들을 떠올릴 수 있도록 도와야 한다. 예를 들어 어떤 아이는 자기 자신이 아무 쓸모없는 존재라고 생각할지 모른다. 그런데 그런 아이가 잘할 줄 아는 것에 대해서 고민하게 되고, 쉬는 시간에 게임을 생각해내고 조직하는 데 재능이 있었다는 것을 깨닫게 된다. 그리고 길고양이들을 잘 돌보고, 초콜릿 케이크를 잘 만들고, 여동생이 울 때 잘 달래고, 엄마의 컴퓨터를 잘 고치고, 참치 샌드위치도 잘 만들 줄 안다는 것을 떠

올릴 수 있다. 아이들은 자신에 대해 나쁜 이미지를 가지고 있을 때가 많다. 교과 과목들에서 좋은 성적을 내지 못하기 때문이다. 그런데 그들은 아주 복잡하고 섬세하고 새로운 것들에서 뛰어난 재능을 보이기도 한다. 따라서 아이들이 학교 공부 외에도 잘하는 것이 있다는 사실을 깨닫도록 도와주어야 한다.

- 이제 세 번째 목록을 작성한다. 이번에는 아이가 쟁취했던 모든 승리의 경험에 대해 적어본다. 앞에서 '성공 기억'에 대해 이야기할 때도 언급했지만, 여기서 말하는 성공과 승리는 보잘것없을 수도 있고 정말 대단한 것일 수도 있다. 모든 과목을 반에서 1등으로 잘하는 것을 승리라고 말하는 게 아니다. 의외로 단순한 것일 수 있다. 홀로 길을 건너는 할머니를 도와드렸다든지, 동생을 울리지 않고 기저귀를 갈아주었다든지, 모노폴리 게임을 짜증 내지 않고 해내는 것처럼 의외로 단순한 일일 수 있다. 부모는 아이가 이런 '승리' 경험의 범위를 점차 확장해나갈 수 있도록 도와주면 된다. 우리가 아이의 크고 작은 성공들을 진심으로 존중할 줄 알 때, 이런 성공들은 아이의 인생을 풍요롭게 하며 아이가 어려움과 마주하게 되었을 때 극복할 수 있는 힘이 되어준다.

- 마지막으로 아이들의 위인 목록을 작성해보도록 한다. 아이들은 스스로를 구조화하기 위해서 롤 모델이 필요하다. 처음에는 인기가 많은 가수들이나 운동선수들의 이름들로 시작하는 경우가 많을 것이다. 안 될 이유는 전혀 없다. 일단은 그렇게 몇 분 정도 이

름을 계속 써보라고 한다. 그리고 나서 아이가 작성한 목록의 마지막 이름 밑에 선을 그으라고 한다. 그리고 이제는 가수나 운동선수의 이름은 제외하고 목록을 다시 작성해보라고 한다. 아이는 조금 더 깊이 생각을 해야 할 것이다. 그리고 이런저런 사람들에 대해 아이가 마음에 드는 부분들을 한 가지 또는 몇 가지만 명시해보라고 한다. 자전거 브레이크를 수리하기 위해서는 아빠가, 저녁에 이야기를 듣거나 포옹하기 위해서는 엄마가 좋다고 할 것이고, 나폴레옹이나 파스퇴르도 적어놓을 수 있으며 목공 일을 가르쳐준 이웃의 이름도 있을 것이다. 그리고 나서 정기적으로 꺼내서 계속 완성해나갈 수 있도록 이 종이를 쉽게 찾을 수 있는 곳에 보관한다. 이렇게 당신의 자녀는 점차 자기 자신과 다른 사람들에게 더 부각되고, 자신의 능력에 대해 더 잘 알게 되면서 미래를 꿈꿀 수 있다. 아이의 자존감도 더욱 건강해질 것이다.

: 마크와 헬렌 수녀의 이야기

마크는 수학 교사인 헬렌 수녀의 골칫거리였다. 그는 교실에서 쉬지 않고 떠들었다. 헬렌 수녀는 수시로 마크를 혼낼 수밖에 없었다. 헬렌 수녀의 이런 지적에 마크는 비꼬듯 대꾸했다.

"혼내주셔서 정말 감사하네요, 수녀님!"

어느 금요일이었다. 헬렌 수녀의 교실은 정말 엉망진창이었다. 그녀는 학생들에게서 아직은 겉으로 드러나지 않는 적대감을 느꼈고 어떻게든 이를 멈추게 해야 했다.

그래서 이런 생각을 떠올렸다. 그녀는 학생들에게 반 친구들의 이름을 모두 적게 했는데, 각각의 이름들 사이에는 빈 공간을 남겨두라고 했다. 그리고 그 공간에 친구에 대해 인정하고 있는 가장 좋은 점을 쓰라고 했다.

다음 날인 토요일에 헬렌 수녀는 이름별로 친구들이 이야기한 모든 내용을 종이 한 장 위에 옮겨 적었다. 그리고 월요일에 학생들에게 그들의 이야기가 담긴 종이를 나누어주고 각자 읽어보도록 했다. 여기저기에서 "진짜?", "이런 점이 누군가를 재미있게 하리라고는 생각하지 않았는데!"라는 식의 말들이 들려왔다. 이 일이 있은 후, 교실은 분위기가 좋아졌다. 그리고 시간이 많이 흘렀고, 헬렌 수녀는 이 종이에 대한 이야기를 들어보지 못했다.

여러 해가 지났고, 헬렌 수녀는 다른 학교에서 아이들을 가르치고 있었다. 그러던 어느 날 그녀는 부모님을 뵙기 위해 예전에 몸담았던 학교가 있는 도시로 다시 가게 되었다. 그녀의 부모는 헬렌 수녀와 반갑게 인사하고 난 후, 이렇게 말했다.

"어제 마크네 가족이 전화를 했더구나."

"아, 그래요? 마크는 잘 지내죠?"

헬렌 수녀가 말했다.

"마크가 베트남에서 죽었다는구나. 장례는 내일이래. 마크의 부모님은 네가 장례식에 와주기를 바란다고 했어."

다음 날, 장례가 치러지는 성당은 발붙일 틈이 없었다. 마크의 친구들과 예전에 같은 반이었던 친구들도 많이 와 있었다. 장례식이 진행되는 동안, 마크의 동료 군인 중 한 명이 헬렌 수녀에게 다가와 물었다.

"혹시 마크의 수학 선생님이셨나요?"

"네, 맞아요."

"마크가 수녀님에 대해 자주 이야기했었어요."

그리고 장례식이 끝나갈 무렵, 마크의 부모님이 특별히 헬렌 수녀에게 이야기를 전했다.

"수녀님께 보여드리고 싶은 게 있어요. 우리는 마크가 싸늘한 주검으로 돌아왔을 때, 마크의 몸에서 무엇인가를 발견했어요. 이것이 수녀님에게 무슨 이야기를 해줄 것 같았어요."

마크의 아버지는 주머니에서 조심스럽게 두 장의 종이를 꺼냈다. 종이의 절반은 너무 닳아서 찢어져 있었다. 헬렌 수녀는 그 종이가 반 친구들이 마크의 장점을 쓴 내용을 그녀가 다시 옮겨 적은 후 나누어주었던 종이라는 사실을 금방 알아챘다.

"이런 경험을 할 수 있게 해주셔서 감사해요. 보셔서 아시겠지만 마크는 이 종이를 무척 좋아했어요."

마크의 아버지가 말했다.

마크와 같은 반이었던 친구들이 헬렌 수녀와 마크의 부모 주위를 둘러쌌다. 그리고 친구 한 명이 말을 덧붙였다.

"저도 제 종이를 지금까지 간직하고 있어요. 제 책상의 가장 위쪽 서랍에 들어 있답니다."

척이라는 친구의 아내는 이렇게 말했다.

"척은 이 종이를 우리의 결혼 앨범에 넣자고 했어요."

다른 젊은 여자도 말했다.

"저는 그 종이를 일기장에 넣어두었어요."

그리고 또 다른 여자가 가방을 뒤지더니 그 목록을 꺼냈다.

"저는 항상 이 종이를 가지고 다녀요. 우리 모두가 이 목록을 간직하고 있었나 보네요."

성적보다 능력에 가치 부여하기

학교는 20점 만점에 10점이라는 평균을 기반으로 한 전설적인 성적 제도를 통해 아이들에게 평균 점수를 얻는 것이 적당하며, 심지어 바람직하다고 가르친다. 이 같은 생각은 아이를 평생 동안 따라다니며 좋지 않은 영향을 미칠 우려가 있다.

전문가들에 따르면 그 어떤 성인도 제2학년(한국의 고등 1학년에 해당한다. — 옮긴이) 교과 전체를 숙지하고 있지 않다고 한다.

그가 아무리 똑똑한 사람이라도 말이다!

이 성적 제도라는 '게임'을 할 바에야 아이가 획득한 능력에 가치를 두고 아이가 이런저런 것들을 정확하게 해낼 수 있다는 사실에 주목하는 것이 아이를 위해서 더 교육적이고 그들의 삶을 풍요롭게 하는 일이다.

'획득한 능력'이라는 이 개념은 초등학교 과정 안으로 들어갔다가, 고등학교 학업 시기 공부한 것을 증명해야 하는 형태의 학습 중심으로 들어가기 위해 사라진다.

특히 아이가 학교에서 '성적이 좋지 않아서' 어려움을 겪는다면, 가정에서는 다른 능력에 가치를 두고 아이를 대하는 것이 중요하다. 부모는 자녀에게 애정을 가지고 매우 다양한 분야에서 나타나는 그의 능력에 가치를 부여해줄 수 있다. 요리를 잘하고, 컴퓨터를 잘 고치고, 손님맞이를 잘하고, 레고를 조립해 작동하는 기계를 만들고, 운을 잘 맞추어 시를 쓰고, 구도를 잘 잡아 사진을 찍는 등의 능력들이 그 예다.

반대로 만약 부모가 자녀의 '능력'을 학교 성적으로만 판단한다면, 아이는 다른 능력을 발달시킬 수 있는 모든 가능성이 줄어들어버린다.

자랑 달력

매일 저녁 자녀에게 하루 동안 기억에 남는 일들을 떠올려보고 그중에서 자랑스러움을 느꼈던 사건 하나를 달력 위에 적어보도록 제안하는 것이다.

- 나는 엄마와 함께 사과 타르트를 만들었는데, 타르트가 맛있었다.
- 나는 나타샤와 화해했다.
- 나는 단어 받아쓰기에서 좋은 점수를 받았다.
- 나는 할머니를 위해 그림을 그렸다.
- 나는 피아노곡을 실수 없이 연주했다.
- 나는 《해리포터》 제3권을 다 읽었다.

서클 타임

학교에서 서클 타임Circle Time의 원칙은 아주 간단하다. 반 학생들을 모두 동그랗게 모여 앉게 한 뒤, 그들에게 하나의 주제나 특별한 과정을 제안하는 것이다. 왜 동그랗게 앉을까? 그것은 상호작용과 협력을 위한 최고의 형태이자, 안정감과 자아 정체감, 그리고 소속감을 느낄 수 있는 형태이기 때문이다.

이렇게 간단한 활동 이면에는 엄청난 힘이 가려져 있다. 서클 타임은 아동과 청소년, 그리고 성인의 경우에도 그들의 자존감을 발달시키는 데 큰 영향을 주는 것으로 주목받은 활동이다.

활동 규칙

서클 타임의 활동 규칙은 다음과 같다. 이 규칙은 참가자들의 동의하에 수정하거나 변경할 수 있다.

- 참가자들은 동그랗게 모여서 앉거나 선다.
- 주제나 방법을 정한다.
- 한 번에 한 사람만 말한다.
- 각자 순서대로 이야기한다.
- 꼭 말해야 하는 의무는 없으며, 패스할 수도 있다.
- 서로의 이야기를 듣는다. 다른 사람이 이야기할 때는 끼어들지 않는다.
- 다른 사람이 한 이야기에 지적하지 않는다.
- 다른 사람이 이야기한 내용을 비웃지 않는다.
- 만약 부정적인 내용밖에 할 이야기가 없다면 말을 하지 않는 게 낫다.

- 언급된 이야기의 긍정적인 측면에 집중한다.
- 나눈 이야기는 비밀에 부치기로 한다.

조언
········

다음은 서클 타임이 잘 진행되기 위한 조언들이다.

- 의견을 잘 나타내기 위해, 이야기를 '내 생각에는', '내 의견은'과 같은 말로 시작한다. 이렇게 말을 해야 다른 사람들이 모순 없이 받아들일 수 있다.
- 처음에는 반대, 말다툼, 대립, 싸움, 불쾌한 말 등의 부정적인 행동들이 나타나는 게 일반적일 수 있지만, 이런 행동들이 또 나타난다면 정중하게 규칙들을 다시 떠올리고 확인한다. 언쟁이 있었던 당사자들은 그들끼리 나중에 다시 설전을 계속할 수 있다. 단, 서클 타임 바깥에서 해야 한다.
- 만약 참가자들이 수줍음이 많은 아이들이라서 순서를 패스했을지라도 그들이 원한다면 조금 나중에 다시 기회를 준다.
- 참석한 사람들 중에 아무 말도 하지 않는 사람이 있을 수 있다. 하지만 모두가 참가자라는 사실을 잊어서는 안 된다. 관찰자들은 없다.

몇 가지 예시들

하루의 이야기

각자 돌아가면서 지난 24시간 동안 일어났던 일들 중에 긍정적이고 평상시와는 달랐던 것에 대해 이야기한다.

뉴스나 생활 주제에 대한 토론

각자 의견을 낼 수 있는 뉴스나 생활 주제에 대해 토론한다. 발언권이 있는 사람은 스펀지 공을 쥐게 해서 구별한다.

문장 완성해보기

- 아침에 학교에 오면서 나의 느낌은 (   ).
- 우리 집에서 내가 좋아하는 장소는 (   ).
- 만약 내가 원하는 것을 할 수 있었다면 (   ).
- 내가 기억하는 나의 가장 멋진 성공은 (   ).
- (   )을 할 때 나는 정말 기분이 좋다.
- 내가 동물(사물)이었다면, 나는 (   )이었을 것이다.
- 나는 (   )하는 사람들을 좋아한다.
- 오늘 나는 (   )하고 싶다.
- 학교가 (   )하다면 더 좋을 것이다.
- 내가 선생님이었다면, 나는 (   ).

- 사랑이란 (   ).
- 우정이란 (   ).
- 존중이란 (   ).
- 엄격함이란 (   ).
- 정직이란 (   ).

생일 서클

아동이나 청소년이 생일일 때, 생일인 사람은 원의 한가운데에 자리한다. 그리고 다른 사람들은 "(   ) 때문에, 네가 태어난 게 나는 행복해."라고 한마디씩 한다.

서클 타임을 통해 얻을 수 있는 것

서클 타임은 아동과 청소년의 자존감 발달과 직접적으로 관련된 매우 유익한 활동이다. 서클 타임의 효과는 아래와 같다.

- 아이는 자신이 존중받을 수 있고 자신을 한 인간으로서 명확히 드러낼 수 있다는 사실을 배운다.
- 아이는 의견을 표명할 수 있고 다른 사람들에게 자신이 생각하고 믿는 것이 무엇인지 말할 수 있다.
- 아이는 단지 학업 성적으로만 평가받지 않는다.
- 아이는 심판이나 조롱을 받지 않고도 감정을 표현할 수 있다.
- 아이는 상호 간의 경청 규칙을 배운다. 다른 사람의 말을 중간에 끊지 않고 잘 듣는다.
- 타인을 더 긍정적으로 바라보는 법을 배운다.
- 타인의 다름을 인정하고 그를 존중하는 법을 배운다.
- 공격적 행동들에 대한 대안이 있다는 것을 깨닫는다. 그리고 듣기, 말하기 및 상호 존중과 관련하여 부과된 한계 속에서도 개인적인 이익을 얻을 수 있다는 것을 알게 된다.
- 다른 사람들 앞에서 말하고 자신의 생각을 명확히 하는 법을 배운다. 그리고 자신을 표현할 수 있는 자신감을 키운다.
- 아이는 자신이 경험한 것을 더 자각함으로써 일상으로 이루어진

삶에 대해 고민한다.

- 아이는 인격을 점차 더 긍정적으로 바꾸어간다. 이렇게 형성된 인격은 평생 유지된다.

서클 타임을 통해 많은 아이들, 특히 가정환경이 어려운 아이들이 행복과 성공, 존중이 공존할 수 있다는 사실을 깨달을 것이다. 그리고 아이에게서 새로운 행동들이 나타날 수 있다.

- 그전의 행동들은 공격적 또는 수동적이었으나 이제는 행동에서 자신감과 확신이 드러난다.
- 집단의 지원이 아이들 자신에게 이익을 가져온다는 것을 이해하기 시작하면서 파괴적인 행동들이 점차 사라질 것이다.
- 모두의 이익을 위해 집단 내에서 조화를 이루며, 이를 통해 더 나은 학습 환경이 조성된다.

서클 타임은 특히 말을 할 때 어휘를 잘 선택하고 완성된 문장을 사용하게 함으로써 안정감, 자아 정체감, 자신감, 소속감, 미래를 긍정적으로 전망하는 목표의식 등 자존감의 기본 요소들을 발달시키는 데 도움이 될 수 있다.

미래 편지

미래에 자신을 투영하는 것은 그 미래가 실현되도록 노력하기 위해 자기 자신을 프로그래밍하는 방법이다. 당신의 자녀가 몸과 마음에 여유가 있는 어느 날, 다음 활동을 제안해보자.

아이는 할아버지 또는 할머니가 되어 벽난로 가까이에 앉아 있는 상상을 한다. 아이에게 상상 속의 주위 환경을 자세하게 묘사하도록 한다. 미래의 환경 속에 자신을 가능한 한 많이 비춰 보기 위해 집은 어디에 있으며, 가구들은 어떻게 갖추어져 있고, 집 안은 어떻게 꾸며져 있는지, 어떤 식사가 준비되어 있는지 등을 상상해보고 말하는 것이다.

그(그녀)는 앉아 있고, 그 주위로 많은 손자, 손녀들이 있다. 누군가가 말한다.

"할아버지(할머니), 이야기해 주세요."

할아버지(할머니)가 어렸을 때, 할아버지(할머니)가 자랐을 때, 공부를 했을 때, 무슨 공부를 했는지, 할아버지와 할머니가 만났을 때, 아이를 낳았을 때, 할아버지(할머니)의 직업, 여행, 할아버지와 할머니의 만남, 할아버지(할머니)의 친구들, 할아버지와 할머니가 만났을 때 어려웠던 점들, 그리고 그것들을 어떻게 극복했는지, 할아버지와 할머니의 정말 행복했던 순간들, 손자인 우리들을 위해 바라는 것 등등. 아이들이 들려주는 이야기, 특히 자존감이 부족하거나 힘든 시간을 보내고 있는 아이들의 이야기에 오히려 감탄할 때가 많다.

인정의 표시

아이를 성장시키기 위해서는 아이를 칭찬해야 할까, 비판해야 할까? 많은 부모들이 이 딜레마에 빠져 있다.

자녀의 자존감이 걱정될 때, 항상 아이를 칭찬하는 것이 가장 좋은 방법이라고 생각하는 부모도 있다. 하지만 까닭 없는 칭찬은 부적절한 비판만큼이나 자존감에 나쁜 영향을 준다. 포괄적이고 차이도 없는 과도한 칭찬들은, 그것이 통하지 않는 것이 그나마 최선이고 최악의 경우에는 반대 효과가 나타난다. 아이는 칭찬에 합당하지 않은 자신의 모습에 불안해진다. 또는 외부에서 들려오는 칭찬에 취한 나머지 바르게 성장하지 못한다.

비판의 경우도 마찬가지다. 항상 틀렸다는 소리를 듣고서 좋은 사람이 될 수 있는 사람은 아무도 없다. 많은 성인들의 마음속에는 아직도 그들의 아버지, 어머니가 "넌 틀렸어. 멍청해. 형편없어. 아무짝에도 쓸모없어."라고 했던 목소리가 남아 있다.

부모들의 칭찬, 비판, 비난은 아이의 말이나 행동에 대한 반응을 보내는 것이다. 아이는 인격을 형성하고, 자신의 가치를 인정받고, 자신과 다른 사람들에게 가시화되기 위해서는 이러한 반응을 필요로 한다.

우리는 그런 이유로 자녀에게 꾸준히 '인정의 신호'를 보내야 한다. 그러나 아이가 성장하는 데 도움이 되는 인정의 신호들도 있지만, 아이를 망가뜨리는 신호들도 있다는 것에 주의하자.

인정의 신호들이 지닌 특징

- 인정의 신호들은 개인 자신Individu lui-même(I)과 그가 하는 행동들 Comportements(C)과 관련되어 있다.
- I와 C는 긍정적(I^+, C^+)일 수 있고 부정적(I^-, C^-)일 수 있다.
- 인정의 신호들의 종류는 다양하다. 크게는 언어(말, 침묵), 비언어 (행동, 시선, 몸짓, 표정, 눈짓)로 구분한다.

네 가지 형식의 인정의 신호

인격 파괴(I^-)

어떤 인정의 신호들은 인격적으로 부당하기 때문에 아동이나 성인의 인격을 파괴한다. 다시 말해 개인(I)에게 부정적인 방식으로(ㅜ) 신호를 보내는 것이다. 부모가 아이에게 쓸모없고 무능력하다는 말을 오래전부터 끊임없이 반복하면 결과적으로 아이는 정말 자신이 그렇다고 생각할 것이다.

- "왜 이렇게 물러 터졌니? 이런 나무에 올라갈 용기도 없는 거야? 나는 너보다 어렸을 때, 이만한 나무에 올라가는 것은 일도 아니었어."
- "너는 아는 게 정말 아무것도 없구나. 3의 법칙이 얼마나 쉬운 건데 그걸 몰라!"
- 교사가 학생에게 올바르지 않은 방식으로 지적한다. "넌 정말 형편없어!"
- 교사가 부모에게 올바르지 않은 방식으로 지적한다. "댁에서 도대체 뭘 하시는 건지 모르겠네요!"
- "넌 거짓말쟁이일 뿐이야!"
- "형편없구나! 나에게 그런 식으로밖에 말하지 못하니?"

나비 효과처럼 아이는 부모가 자신에 대해 이야기하는 것(주로 부모의 이상이 나타난다.)을 따르려는 경향이 있으며, "쓸모없는 놈!", "왜 이렇게 생각이 없어?", "너는 실패자야.", "넌 수학을 못하지. 하기야 나도 수학이라면 지긋지긋했어." 등의 문장이나 단어들을 있는 그대로 받아들일 수 있다. 아이는 이런 말들이 정말 진실인 것처럼 흡수해서 그 말에 자신을 맞추려고 한다. 아이는 부모가 아이에 대해 말하는 대로 된다. 그리고 그런 일이 정말 벌어지면 부모는 "거봐, 내가 말했었지!"라고 말할 것이다.

인격 형성(C⁻)

부모가 아이의 부정적인 행동을 지적할 때는 행동이 부정적이지 인격이 나쁜 것은 아니라고 친절하게 알려줘야 한다.

- "친구들과 함께 장난감들을 가지고 놀아야 착한 어린이지."
- 교사가 아이에게 올바르지 않은 방식으로 지적을 한다. "너는 이 수업에서 열심히 공부하지 않았구나. 선생님은 네가 더 잘할 수 있을 거라고 생각한단다."
- "네가 식기세척기를 비울 차례라는 것을 잊지 마라."라고 하되, "너는 도대체 집에서 하는 일이 뭐니?"라고 말하지 않는다.
- "수학 시험을 망쳤구나."라고 하되, "멍청한 것 같으니라고!"라고 말하지 않는다.
- "강아지를 데리고 나가는 것을 잊었나 보구나."라고 하되, "도대체 넌 믿을 수가 없어!"라고 말하지 않는다.

아이의 부정적인 행동들을 지적하는 것은 아이가 주변 환경이 지정하고 있는 규칙과 가치를 인식하는 데 도움을 준다. 이런 지적은 아이가 자신의 내면을 구조화할 수 있는 힘이 된다.

자아실현, 자신감(C⁺)

우리는 자녀의 인격과 자신감을 긍정적으로 발달시키기 위해 아이의 긍정적인 행동들을 찾아내고 강조할 수 있다.

- "지구를 보호하는 것이 중요하다는 네 생각은 참 훌륭하구나."
- "네 티셔츠 정말 멋지다!"
- "도와주어서 고마워!"

자존감(I⁺)

자녀의 자존감을 발달시키기 위해 아이의 장점과 능력들을 조심스럽게 부각시키고 강조한다.

- "네가 글짓기에 재능이 있구나."
- "너는 집중을 잘하는구나."
- "너는 손재주가 아주 좋구나. 우리 같이 뭘 좀 만들어볼까?"
- "세상에! 네가 찍은 사진들은 구도도 좋고 참 다양하구나. 보기에도 편하고 좋아. 우리 같이 벽에 걸 용도로 두세 장 골라볼까?"
- "어머나, 네가 정보공학에 재능이 있구나. 리눅스를 실행하는 것 좀 도와줄래?"

몇 가지 주의사항

- I⁺ 신호들은 정직하고 진실이어야 하며, 본심에서 우러나와야 하고 사실적이어야 한다. 따라서 위선적인 반응은 절대적으로 피해야 한다. 아이들은 자신이 가지고 있는 가치 판단과 어른들의 것을 비교, 대조해 보려고 하기 때문이다. 만약 어른들이 위선적으로 인정의 신호를 보낸다는 느낌이 들면, 아이는 자신의 가치 체계를 올바르게 세울 수 없을 것이다.
- 자녀의 현실적 능력을 초과하지 말아야 한다. I⁺ 신호들을 과장하여 보내면 아이는 왜 칭찬을 받는지 이해할 수 없다. 그리고 아이 자신이 알고 있는 능력과 너무 큰 차이가 나면 더 잘할 수 없다는 생각에 불안해할 수 있다.
- I⁻ 신호보다 더 안 좋은 것은 아이를 전적으로 무시하고 그 어떤 인정의 신호도 보내지 않는 것이다. 만약 아이가 정말 끔찍할 정도로 불량해진다면, 아마도 그런 식의 행동이 무시당하지 않기 위한 유일한 방법이라고 생각하기 때문일지 모른다.

몇 가지 공식

부모와 교사, 그 외 가까운 어른들은 인정의 신호들을 아이의 삶 속으로 끊임없이 보낸다. 이런저런 인정의 신호들이 축적되면 긍정적 또는 부정적인 결과를 가져올 수 있다는 점을 주의하자.

예를 들어 C^-의 신호는 아이가 자신을 바로세우는 데 도움이 된다. 그런데 C^-들이 쌓이면 인격이 파괴되어, I^-로 변할 수 있다. 만약 부모가 자녀에게 행동이 잘못되었다는 말을 아침부터 저녁까지 계속 한다면, 아이는 정말로 형편없는 것은 행동이 아니라 바로 자신의 인격이라는 결론을 내리고 말 것이다.

$$C^- + C^- + C^- + C^- = I^-$$

반대로 자녀의 긍정적 행동들과 부정적 행동들을 균형 있게 지적하려고 주의한다면 아이가 인격을 튼튼한 기초 위에 잘 세울 수 있을 것이다. 그런 이유로 두 번째 공식은 다음과 같다.

$$C^- + C^+ + C^- + C^+ = 균형감과 인격 형성$$

필요한 경우, 자녀의 자신감이 턱없이 부족하다면 일시적으로 C^+ 신호를 증가시킬 수 있다. 이는 다음의 세 번째 공식으로 아이의 인격에 긍정적인 영향을 주기 위해서다.

$$C^+ + C^+ + C^+ = I^+$$

스스로 행복한 아이로 키우는 진짜 자존감

인정의 신호에 대한 공감

아이에게 인정의 신호를 보내는 것은 경청, 유연성, 아이의 인격 존중이 전제된 태도이며 행동이다. 이 인정의 신호들을 보내는 방식은 당연히 부모에 따라 다를 것이다. 하지만 그들은 아이를 위해 따뜻한 환경을 조성하는 데 협력해야 하며, 말, 행동, 몸짓 등의 다양한 방법들로 의사를 표현할 수 있을 것이다. 눈짓이나 코를 찡긋하는 것 역시 칭찬이나 구두 지시만큼이나 분명하고 효과적인 의사 표현이다.

인정의 신호가 아이의 자존감을 발달시키고 강화시킬 수 있다는 데는 많은 사람들이 공감한다. 아이의 자존감이 건강하다면 아이는 매일매일 인정의 신호를 받기 때문에, I⁻ 신호 하나로 무너질 수 없다. 또 I⁺ 신호 하나를 객관적으로 평가하기 위해 거리를 두고 살펴볼 줄 알고, 과대평가나 과소평가를 하지 않고 올바른 가치를 부여할 줄 알 것이다.

행복의
열쇠

우리는 책의 초반부에서 행복한 삶을 살기 위해 자존감이 중요하다는 사실을 강조했다. 그리고 성인의 경우, 이 자존감이 다음의 핵심 요소들에 근거한다는 것도 심도 있게 살펴보았다.

- 현재의 삶을 의식하며 살기
- 자기 자신을 받아들이기
- 다른 사람들을 받아들이기
- 책임을 받아들이기
- 개인적 확신감 발달시키기
- 목적의식을 가지고 살기
- 자신이 주체가 되는 삶을 살기

스스로 행복한 아이로 키우는 진짜 자존감

결론을 내리기 전에, 건강한 자존감으로부터 비롯되는 또 다른 핵심 요소들을 제시해보고자 한다. 그리고 어떻게 이 핵심 요소들이 다양한 환경 속에서 우리의 삶에 영향을 줄 수 있는지 알아보고자 한다.

자존감과 행복 추구

초반부에서 언급했지만, 자존감이라는 개념의 중심에는 행복의 추구가 있다. 그런데 아이러니하게도 우리는 행복을 불안해한다. 행복에 대한 불안감은 우리가 잘 아는 감정이다. 마치 우리 안에서 "나는 행복할 가치가 없어.", "이 행복은 오래가지 않을 거야.", "이상해. 내게 곧 불행이 닥치려는 게 분명해.", "나는 행복할 이유가 전혀 없어.", "행복? 그런 건 내게 존재하지 않아."라고 속삭이고 있는 것 같은 느낌이다.

우리의 자존감은 종종 혹독한 시험을 치르기도 한다. 특히 유아기 때 강요받았던 '가치'들이 우리에게 "나는 아무 가치가 없어.", "삶은 고난이야. 그러니까 나는 평생 동안 투쟁해야 해. 그래도 얻을 수 있는 건 없을 거야.", "기쁨은 죄악이야."라고 말한다면, 어려운 시험이 시작된 것이다.

삶 속에서 우리에게 제공되는 행복을 받아들이려면, 우리는 이처럼 파괴적인 내면의 목소리와 대면해야 한다. 우리는 가끔 그 목소리의 실체가 우리의 아버지나 어머니라는 사실을 인정하기도 한다. 이 목소리와 대면해야 한다. 도망치면 안 된다. 이 목소리와 내면의 대화를 시작해보고, 그가 속삭이는 말들의 이유를 설명해보라고 맞서자. 끈기를 가지고 대꾸하고, 그의 논증에 반박하자. 그를 진짜 사람처럼 취급하고 성인인 진짜 나의 목소리와 구별하자. 그리고 행복이 나타나면 내 것으로 받아들이자.

우리에게 요구되는 것은 행복이 아무리 의심스러워도 우리 자신을 파괴하지 않고 그 행복을 받아들이는 용기다. 자기 파괴는 자신의 의지로 불행을 만드는 꼴이다. 우리에게 일어날 수 있는 좋은 일들이 기어코 발생하지 않도록 모든 것을 하는 것이다. 애정 관계로 이어질 수 있는 만남을 거부하고, 우리가 원하지 않는 행동을 하려고 온몸을 바치고, 저녁 늦게까지, 심지어 주말에도 일을 하려고 핑곗거리를 찾는다. 이런 식으로 배우자나 자녀들과 함께 시간을 보내는 것을 자꾸 피하기도 한다.

이런 자기 파괴적 행동과 행복을 거부하는 행동들의 이유는 나약한 자존감에서 찾아볼 수 있다. 이런 행동은 계속 자존감을 약한 상태에 머물게 한다. 다행히 '내가 그 만남을 받아들였다면? 오늘 더 빨리 돌아왔다면? 배우자에게 로맨틱한 주말을 보내자고 권했다면?'과 같은 사소한 생각을 시작으로 상황을 뒤집을 수 있다.

자존감과 애정 관계

애정 관계에서 자존감의 중요성을 확인하는 것은 어렵지 않다. 왜 그럴까? 애정 관계가 균형을 이루고 있고, 좋은 결과로 이어지고, 자연스럽게 오랜 시간 함께할 수 있게 된 경우를 들여다보면, 자존감을 이루는 많은 요소들을 기반으로 삼고 있다.

- **사랑하고 사랑받을 수 있다는 깊은 감정 갖기** 이 감정은 자아 정체감이 충분히 발달되었다는 것을 의미한다. 반대로 내가 사랑받을 수 없을 거라고 생각한다면, 다른 사람이 나에게 주는 사랑을 이해할 수도 없다.
- **내 자신이 중요하고 다른 사람들이 높이 평가하는 재능이나 가치가 내게 있다는 사실을 받아들이기** 이 감정을 통해 나는 상대에 대한 열등감의 함정에 빠지지 않는다.
- **행복할 권리가 있다는 것을 알고 행복을 두려워하지 않기** 만약 자존감이 훼손되고 짓밟히거나 무너지면 상대와 함께 행복할 수 있을 거라는 생각조차 사라진다. 그리고 애정 관계는 균형을 잃고 힘들어진다.
- **줄 것이 있다는 마음 갖기** 애정 관계에서 상대에게 주고, 반대로 상대가 주는 것을 받는다. 만약 자존감이 낮으면 상대에게 줄 수 있는 게 아무것도 없는 듯한 기분이 들고, 관계를 지속적으로 유

지하기가 힘들다.

- **다른 사람과 친분을 맺을 수 있고 이타성과 차이를 수용할 수 있다는 마음 갖기** 다른 사람과 친분을 잘 맺고 상대를 있는 그대로 받아들이기 위해서는 자기 자신과 잘 지낼 수 있어야 한다. 다시 말해 자존감이 중요하다는 의미다.

- **연인 관계에서 책임을 느끼기** 일반적인 책임감이 발달되었다면 연인 관계에도 자연스럽게 적용할 수 있을 것이다.

- **위험 감수를 받아들이기** 학교 운동장처럼 애정 관계도 자존감이 검증되는 하나의 장소다. 왜냐하면 유혹하고 싶다는 것은 위험을 감수한다는 것이고 다른 사람에게 거절당할 수도 있다는 뜻이기 때문이다. 이처럼 위험을 자각하는 바탕에는 개인적 확신감이 있다. 강할 수도 있고 약할 수도 있는 이 확신감이 자존감에 관여한다. 자존감이 약한 사람들은 위험을 피하려고 하고 실망스러운 경험들을 겪을 것이다. 다행히도 애정 관계의 복잡한 연금술은 필요할 경우 내가 아무리 자존감이 낮더라도 사랑을 위해 위험을 감수할 수 있도록 한다. 다시 생각해보면 애정 관계는 자존감을 강화하는 역할을 한다.

- **애정 관계에서 성공하리라는 목표를 갖고 자신에게 성공 방법을 부여하기** 스스로에게 이렇게 물어보는 일은 드물다. "만약 내 목표가 애정 관계에서 성공하는 것이라면, 나는 무엇을 해야 할까? 자신감, 내면성, 좋은 상대와의 만남, 기쁨을 만들어내기 위해 필

요한 행동들은 무엇일까?" 사실 정서적인 삶이나 내적인 삶보다 직장에서 우리의 에너지를 적용하는 게 더 쉬울 때가 많다. 많은 사람들이 직장 생활에서는 성공하고, 개인 생활이나 애정 생활에서 실패하는 것은 바로 이런 이유 때문이다.

자존감과 직업

직업의 세계에서도 자존감은 중요한 역할을 한다. 자존감이 무너진 결과는 다음과 같다.

- 불안정감을 느낀다. 그리고 일자리를 잃고 평생 실직자로 살지도 모른다는 지속적인 공포에 시달린다.
- 자신을 과소평가하고 평판을 잃는다. 또한 스스로의 가치를 인정하지 못한다.
- 자신의 능력을 낮은 순위에 자리하도록 한다.
- 다른 사람들이 항상 자신보다 잘한다고 생각한다.
- 잘해내지 못할 것이라는 공포 때문에 승진을 거절한다.
- 발언하거나 앞에 나서는 것을 두려워한다.
- 경력 계획을 세우기 어렵다.
- 도전, 위험, 계획에 대한 책임감을 모두 거부한다.

- 자신의 연약함을 숨기기 위해 허풍이 심한 행동들을 한다.
- 자신에게 가치가 있다는 것을 증명하기 위해 모든 것을 희생하면서까지 권력을 추구한다.
- 자신의 연약함을 숨기기 위해 다른 사람들의 평판을 떨어뜨린다.
- 자신 안에 다른 사람들을 향한 시기심이 커진다.
- 자신의 가치와 개인적 정직성에 반하는 것에도 '아니오'라고 말하지 못한다.

반대로 직장 생활이 가정생활이나 개인 생활, 그 외 영역에서 강화하기 어려운 자존감을 발달시킬 수 있는 기회일 수 있다. 그러나 직장에서의 성취감은 모든 위험 요소들을 지닌 새로운 인격체를 만들어내기도 한다. 다음이 그런 예다.

스스로 행복한 아이로 키우는 진짜 자존감

- 개인 생활과 가정생활, 애정 생활은 소홀히 하고, 일에 자신의 모든 것을 바친다.
- 우수성을 끌어내기 위한 것이라는 핑계로 동료들과 직원들을 인격적으로 괴롭히거나 계속 비난한다. 어떤 경우에는 잔인하고 자존감을 해치는 경영 형태를 취하기도 한다.

: 실직과 자존감

실직은 한 인간의 자존감에 심각한 영향을 주는 상실의 집합체다. 실직을 하면 지위, 소득, 사회적 관계를 한꺼번에 잃어버린다. 이런 강요된 정지 상태는 자기 자신에 대해 생각하게 하고 자존감의 핵심 요소 중 첫 번째 요소인 자각의 과정으로 들어가게 한다. 예전에는 자각하며 살아본 적이 없기 때문에 고통스러울 수 있지만 그만큼 유용하기도 하다. 이 자존감의 상처는 치유되려면 시간이 필요할 것이다.

자존감과 창의성

창의성은 말하자면 복잡한 개념이다. 이 창의성을 구성하고 있는 다양한 인자들이 있는데, 이들 중 몇 가지가 자존감의 기본 요소로도 인정받고 있다.

- 이미 알려져 있는 것에서 빠져나와 이미 존재하는 것 외에 다른 무엇인가를 만드는 것이다.
- 새로운 것을 만들 수 있다는 느낌을 갖는 것이다.
- 우리 주변의 세상에서 새로운 무엇인가를 가져와 가지고 있다는 느낌이다.
- 우리 능력의 영역인 세상의 변화들이 다른 사람들에 의해서만 실현되는 것이 아니라 우리 자신도 그 세상 안에서 우리 수준에 맞는 역할을 가질 수 있다고 생각하는 것이다.
- 우리 자신의 생각과 아이디어에 가치를 부여하는 것이며, 가치의 비중을 정신의 산물에 더 많이 두는 것이다.
- 이미 알려져 있는 것에서 빠져나오는 위험을 감수할 수 있는 것이다. 실수할 수 있고 다른 사람들에게 나쁘게 받아들여질 수 있다는 사실을 수용하는 것이다.

반대로 자존감이 낮으면 자신의 정신적 산물들을 거부하려고 한다. 왜냐하면 그 정신적 산물들이 중요해 보이지 않기 때문이며, 심지어 정신적 산물의 존재를 인식조차 하지 못하는 경우도 있다. "이 아이디어는 내가 생각해냈지만 좋은 생각 같지 않아."

스스로 행복한 아이로 키우는 진짜 자존감

라는 식으로 창의성을 거부하는 태도를 보인다.

자존감과 정직성

알다시피 자존감의 마지막 받침대는 정직성이다. 이것은 우리의 사고와 가치들을 거스르지 않게 행동하고 살아가는 능력이다. 첫 번째 받침대인 '현실을 받아들이기'가 지적인 정직성을 내세우는 것이라면, 이것은 사실을 있는 그대로 받아들이고 존중하는 것이다.

우리가 사는 사회, 기업, 정치나 종교 안에서 높은 지위를 차지한 남성들과 여성들이 정직하고 모범적이며, 흠없는 도덕성을 가지고 있다면, 평범한 한 개인이 정직성을 실행하는 것은 상대적으로 쉽다.

하지만 부패, 파렴치, 위선, 거짓, 법 위반, 비도덕성이 정상인 사회에서는 정직하게 살기가 훨씬 더 어렵다. 공인들이 이러한 부정을 밥 먹듯이 저지르고, 기업의 책임자들은 무책임하고 치명적인 결정을 내리고, 고위 관리들의 타락한 행위들이 마구 폭로될 때, 우리는 실로 엄청나게 독립적이거나 자립적인 자아가 아니고서야 '다들 그러는걸, 뭐. 왜 나는 그러면 안 돼?'라고 생각한다. 그래서 개인적인 정직성 추구와 성실함이 바보 같고, 하찮아

보이며, 도리어 비현실적으로 느껴진다.

우리는 정부 인사나 기업을 직접 책임지는 사람들이 법을 위반하고도 전혀 죄책감을 느끼지 않는 것을 자주 목격한다. 그렇다면 본보기가 되어야 할 사람들이 부패시킨 이런 세상에서 우리의 정직성을 어떻게 유지해야 할까?

주체성을 잃지 않고 정직하게 산다는 것은 도덕적 혼란에 빠진 이 시대를 거스르는 외로운 과정이고, 어떻게 보면 거의 영웅 대접을 받아야 할 일이 되어버렸다.

정직성은 우리 사회의 변화를 위한 중요한 열쇠다. 왜냐하면 정직성은 개인적 차원에서나 사회적 측면에서도 자존감의 원천이기 때문이다.

옛말에 다른 사람들을 바꾸려면 내가 가장 먼저 바뀌어야 한다고 한다. 건강하고 정직한 사회로 발전하기 위해서는 반드시 나 자신부터 주체성을 잃지 않고 스스로에게 솔직하게 사는 것을 목표로 삼아야 한다. 그러므로 자존감은 모든 차원에서 우리의 평생 동반자라고 할 수 있다.

André, C., Lelord, F. *L'estime de soi – S'aimer pour mieux vivre avec les autres* (éditions Odile Jacob). Les deux auteurs, psychothérapeutes, proposent un livre passionnant et pratique pour les adultes, et explorent notre rapport au quotidien avec l'estime de soi.

Branden, N. *The Six Pillars of Self‑Esteem* (éditions Bantam, New York). Nathaniel Branden est le grand spécialiste de l'estime de soi. Son livre, à la fois très complet et très pratique, traite plutôt du développement de l'estime de soi de l'adulte.

Duclos, G., Laporte, D., Ross, J. *L'estime de soi des adolescents* (éditions de l'Hôpital Sainte-Justine, Québec). Suite du livre précédent, intéressant par ses aspects très pratiques sur les comportements parentaux.

Laporte, *D. Favoriser l'estime de soi des 0 – 6 ans* (éditions de l'Hôpital Sainte-Justine, Québec). Propose des pistes d'action très pratiques pour développer les caractéristiques essentielles de l'estime de soi chez le petit enfant.

White, M., *Magic Circles : Self‑Esteem for Everyone in Circle Time* (Lucky Duck Publishing). Le livre de référence sur le Circle Time, avec de nombreuses applications pratiques pour les enfants et les adultes.

스스로 행복한 아이로 키우는
진짜 자존감

초판 1쇄 인쇄 2020년 11월 26일
초판 1쇄 발행 2020년 12월 7일

지은이 | 브뤼노 우르스트
그린이 | 질렘
옮긴이 | 김혜영
펴낸이 | 한순 이희섭
펴낸곳 | (주)도서출판 나무생각
편집 | 양미애 백모란
디자인 | 박민선
마케팅 | 이재석
출판등록 | 1999년 8월 19일 제1999-000112호
주소 | 서울특별시 마포구 월드컵로 70-4(서교동) 1F
전화 | 02)334-3339, 3308, 3361
팩스 | 02)334-3318
이메일 | tree3339@hanmail.net
홈페이지 | www.namubook.co.kr
블로그 | blog.naver.com/tree3339

ISBN 979-11-6218-125-6 03590